建筑环境营造的道家解读

周雅　著

中国建筑工业出版社

图书在版编目（CIP）数据

建筑环境营造的道家解读 / 周雅著 . —北京：中国建筑工业出版社，2017.6

ISBN 978-7-112-20825-8

Ⅰ.①建… Ⅱ.①周… Ⅲ.①道家—哲学思想—应用—建筑工程—环境管理—研究 Ⅳ.①TU-023

中国版本图书馆 CIP 数据核字（2017）第 122852 号

本书首先对道家思想进行界定与解读，然后将道家思想与儒家思想和释家思想进行了对比，得出道家思想是我国“土生土长”的思想并且更亲民更具有实用价值。从道家思想对建筑环境营造进行解读，试图从道家思想中找出适合我国现代建筑、景观与室内营造的方法。

项目名称：本科生培养—人才培养模式创新试验项目—建筑学卓越人才培养（市级）（项目代码：PXM2014-014212-000015）

责任编辑：杨　晓
责任校对：李美娜　焦　乐

建筑环境营造的道家解读
周雅　著
*
中国建筑工业出版社出版、发行（北京海淀三里河路9号）
各地新华书店、建筑书店经销
北京京点图文设计有限公司制版
北京中科印刷有限公司印刷
*
开本：787×1092毫米　1/16　印张：7½　字数：154千字
2017 年 7 月第一版　2017 年 7 月第一次印刷
定价：35.00元
ISBN 978-7-112-20825-8
（30478）

序

数年前，我在谈到中西方建筑比较时，曾提出了三个比较项：宇宙秩序观、环境意识观、建造技巧观。其中，将中国的宇宙秩序观归纳为天人合一、环境意识观归纳为自然而然，建造技巧观归纳为以木为本。在此“三观”中，处于最高层次的宇宙观——天人合一，不仅体现了道家思想，也体现了儒家思想，很好地解释了中国环境观念整体上的一致性。因此，基于对中西方建筑总体关系的思考，我指出了未来全世界建筑所关注的主题应围绕以下三个方面：和而不同、天人合一、以人为本，以人类共同利益为基础，以和谐共生为基本理念，建立新的建设和发展秩序。（详见：中西建筑比较，五洲传播出版社，2008）

周雅博士的新著《建筑环境营造的道家解读》，恰是对我此前观点的一种回应，是从道家的这一面来分析和研究中国环境营造体系的内涵价值，这让我们有机会深入地理解道家思想在建筑环境营造方面的博大。道家思想的“无为”是一种理智与冷静，是顺应自然规律，从而借助自然规律之势，“知天命而用之”，最终达到“无为无不为”的自由之目的。

沿着这一线索出发，我们思考今天的建筑环境，就更能够理解人、建筑、自然环境和当代社会为什么必须协调发展。因为只有有节制地利用和顺应自然，才能找到最适合于人类生存与发展的生态建筑环境，人与自然环境的关系才能更加配合与呼应。

因此，在经济快速发展的今天，在人为物化环境空间再造实践中，我们不可忘记人类还需要有更美好的明天、后天和未来，特别是作为以创造美好环境为职责的建筑师、规划师、设计师们，更应在此方面尽更大的一份责任与义务。

是以为序。

2017年5月21日

于北方工业大学浩学楼

前　言

生态文明建设关系人民福祉和民族未来，建设美丽中国是“实现中华民族伟大复兴”中国梦的重要内容。城镇建设要体现尊重自然、顺应自然、天人合一的理念，依托现有山水脉络等独特风光，让城市融入大自然，让居民望得见山、看得见水、记得住乡愁。这诗意的语言也充分体现道家尊重自然、顺应自然、天人合一的思想。本书以道家思想对建筑环境营造进行解读，使得中国的本土建筑环境具有地域文脉，得以保留与发扬，营造具有中国特色的建筑环境，给人以归属感。

本书立足于道家思想对建筑环境的解读，寻求最适合人类生存与发展的建筑环境。从建筑环境营造的审美方面进行道家解读，主要解读方面为：含蓄美、虚静美和大美；建筑环境营造的空间方面进行道家解读，主要解读方面为：崇无、欲露先藏、虚实相生、诗情画意；建筑环境营造的材料方面进行道家解读，主要解读方面为：返璞归真、阴阳调和与阴柔；建筑环境营造的布局方面进行道家解读，主要解读方面为：风水观、阴阳与道法自然；建筑环境营造的色彩方面进行道家解读，主要解读方面为：五行五色、抱朴守拙与黑白相生等方面，笔者试图从道家思想中找出适合我国现代建筑、景观与室内营造的方法。最后，道家思想的解读对建筑环境的审美、空间、布局、色彩与材料等方面的总结与概括对我国现代建筑、园林景观与室内建构，探讨寻求具有中国特色、富有本土文化的内涵并尊重自然、顺应自然、天人合一的现代建筑环境具有非常重要的参考价值。

目　录

第1章　研究缘起

1.1　课题研究的背景

道家思想起始于春秋末期的老子，道家提倡自然无为，提倡与自然和谐相处。在道家先秦时期各个学派里面，尽管门徒数量远不及儒家与墨家，但是伴随着历史不断推进，道家思想由于具备特殊的宇宙观念、人生体悟以及社会思考，逐渐地在哲学思想领域当中大放异彩，其思想价值和生命力都是永恒的。而道家思想作为我国“土生土长”的哲学思想，至今仍然在城镇规划设计、建筑设计、景观设计和室内设计等运用得极其广泛与普遍。中国现代环境设计传统文化的传达已不再单单依附于传统的形式，也不单单留有传统的构件的印记，而是对传统思想的追求，涉及中国的文化、哲学与中国人的精神元素，这种表达更能使人感受到传统的气息，并非只是形似的模仿，而是神似的哲学表达。

中国建筑环境营造所追寻的意境美，注重情与景的交融，达到设计者与欣赏者的共鸣，使作品产生最高境界，这也可谓是道家思想中的“天人合一”的体现。好的建筑环境营造可以触发人们的情感，使得人与建筑、景观、室内设计作品产生共鸣，引人深思；好的建筑环境营造遵循自然，建筑、景观、室内设计的作品遵循自然规律，施法自然，自身能够与自然相融合并顺应自然的发展而存在，这与道家的“道法自然”的思想是分不开的。道家思想的“含蓄”、“贵柔”、“尚曲”、“阴阳观”、“五行观”、“虚实相生”、“虚静”、“无为观”、“抱朴守拙”等观点在现代的建筑环境营造中仍运用广泛。道家思想意蕴丰富，运用到现代建筑环境营造中令人深思，赋予现代的建筑环境独有的中国文化特色。道家的“欲露先藏，含蓄有致”之思想，在现代的建筑环境营造中，使得人们感到无尽的、丰富的情感畅游；道家思想的大中见小、虚虚实实、实实虚虚、欲露先藏、深浅相容，使得现代的建筑环境营造产生了“虽由人作，宛自天开”的效果，体现了中国独有的中国文化内涵。建筑环境营造中建筑的天人合一、阴阳观、虚实相生等，景观中的道法自然的理水、叠山、植物配置、步移景异等，室内设计中的“欲露先藏，欲扬先抑”、风水观、和谐观等，这些设计思想的根源都源于道家哲学思想，并且一直影响至今。儒家思想、释迦牟尼思想、道家思想，这三者思想中道家与儒家思想是我们中国“土生土长”的思想，儒家思想更侧重于尊卑等级，能够充分地代表体现中国人的日常行为习惯与本土文化的应属道家，道家思想在我国日常、建筑、景观和室内设计中运用极为广泛，更加贴近人们的日常生活，所以建筑环境营造的道家解读这个课题更为必要，且具有现实意义。

1.2 道家思想与其他思想的解读

1.2.1 道家思想概念

道家思想的英文为：Philosophical Taoism。道家思想作为中国本土重要的哲学派别，发轫于春秋战国时期，在当时的诸子百家当中占据一席之地。道家所提倡的是自然无为，认为要与自然和谐相处。道家思想对宇宙、人生和设计等有其独到见解与领悟，在哲学思想上体现出动态的生命力与持久不衰的实用价值。道家思想是体系庞大、流派众多的哲学思想，不论是老庄的道学，还是魏晋的玄学，抑或是其他的道家思想，有着一根思想主线："道"乃万物之源！遵循自然之法则、遵守"道"之规律、遵从宇宙之理念，成为道家思想永远不变的主题。道家思想在中国从古至今，得到人们的重视与关注，尤其在当今社会中的设计中无处不体现道家思想的存在与影响。道家思想的智慧无处不在影响着中国人的选址、居住、布局、出行、生活等诸多方面。

道家思想起始于春秋时期的老子，庄子将道家思想继承并发展。老子是道家思想的创始人，古代哲学家、思想家，创立道家思想，为中华民族、哲学思想、历史文化留下了璀璨的瑰宝。老子的著作《老子》中"道"为自然之规律，释义自然生态万物，并且"道"具有始终如一、永恒不变的价值。《老子》著作中还有大量朴素辩证法，事物的两面可以相互转化，如"有无相生"观，"天下万物生于有，有生于无"[1]，没有永恒的有与无，有无互为基础而存在。庄子，姓庄名周，字子休，他将老子的思想学说继承并发展。庄子的著作《庄子》在哲学、文学上都有较高研究价值。它和《周易》、《老子》并称为"三玄"。鲁迅先生说过："其文汪洋辟阖，仪态万方，晚周诸子之作，莫能先也。"[2]由此可看出，鲁迅先生对庄子的著作《庄子》给予了很高的评价。庄子与老子的思想都是道家之思想，有着共性与千丝万缕的联系，庄子思想与老子相同，主张"道"并且其思想蕴含着朴素辩证法观点，认为事物是随时变化的，没有绝对的，只有相对的，庄子也提倡自然观，自然为最好的。道家思想认为"道"是万事万物的起源与本质，是最高的哲学理论方法与系统。庄子在其著作《齐物论》中幻想一种"天地与我并生，万物与我为一"[3]的理想状态，我与宇宙相容，宇宙为我，我为宇宙。庄子用"无为"来解释这一术语，与老子不同，这里"无为"是指心灵不被外物所拖累的自由自在、无拘无束的状态。这种状态，也被称为"无待"。庄子的著作《逍遥游》中提到"乘

---

[1] 老子，道德经，金盾出版社，1999：25.

[2] 汉文学史纲要，鲁迅，人民文学出版社，1958：107.

[3] 庄子，齐物论，北京大学出版社，2004：206.

天地之正，而御六气之辩，以游无穷”，[1]意为人们不为世间俗物所惑，讲求“无欲”、“无为”之境界，这句成为此书与《庄子》一书的主旨。道家思想的另一重要内容：魏晋玄学。魏晋玄学思想对老子与庄子思想无比崇拜，玄虚实有不同，出现在我国魏晋时期。关于“玄”的概念可以追溯到《老子》，即：“玄之又玄，众妙之门。”[2]王弼在《老子指略》当中则认为：“玄，谓之深者也。”杨雄也提出过“玄”，比如在《太玄·玄摛》一篇当中，就有“玄者，幽摛万类，不见形者也”[3]的说法。由此可见，玄学应该是探析玄妙深远的理论。在魏晋时期，《老子》、《庄子》与《周易》受到空前的重视，统称作“三玄”，其中《老子》与《庄子》又被视为“玄宗”。玄学承接道家自然无为的道家思想，《周易》、《老子》、《庄子》被称为“三玄”，是玄学的主要依据。“玄学”之称来自老子的著作《老子》中所提到的“玄”，它既保持道家之思想，亦对儒家纲常思想持肯定的态度，具有道家思想与儒家思想结合之倾向，但经玄学家们的嬗变后，还是道家之思想。魏晋玄学是秦汉道家思想进一步的哲学化。

道家思想是由老子与庄子为核心与代表而提出的哲学思想，对后人影响深远。后续道家思想的研究者唯老子与庄子马首是瞻，所以亦称“老庄哲学”。汉初，老子把道家思想概括归纳为“道”。究竟什么是“道”呢？宇宙之本，万物之根乃“道”也。老子认为“道”乃宇宙之初、之源，万事万物的归属均为“道”也。《道德经》开篇即曰：“道可道，非常道。名可名，非常名。无名天地之始。有名万物之母。”[4]一般认为，老子所著的《道德经》应该是道家哲学思想的重要来源。道家的思想由老子创立，其思想对我国从古至今、从中到西的文化思想的发展与实践应用有着深远的、广泛的作用与影响，并深深地影响着我国人们的日常行为与思维习惯。道家思想中的“道”是对宇宙、天地、人、社会等本源的高度总结与高度概括。中国最“土生土长”、对人们尤其是老百姓影响极其深远的哲学思想应该是道家思想。道家思想对自然向往，提倡“道法自然”；道家思想是辩证运动的思想，提倡阴阳观；道家思想又是朴素的思想，提倡清静无为。其他主要代表人物有庄周、关尹、彭蒙等等。我们所熟悉的道家的著作，有《老子》、《庄子》，还有诸多的著作在道家思想中有极其重要的地位与价值，如：《管子》、《淮南子》、《列子》、《道原》、《称》、《十六经》等。道家思想从古到今对中国的哲学思想影响至深至远，并且影响到我们生活的方方面面。

1.2.2 道教的概念

道教的英文为：Religious Taoism。道教是一种宗教的信仰。道教，是中国土生土长的固有宗教，是中国人的根蒂，是东方科学智慧之源，是全世界

[1] 庄子，逍遥游，华夏出版社，1996：16.
[2] 老子，道德经，金盾出版社，1999：29.
[3] 杨雄，太玄，山东社会科学出版社，1952：67.
[4] 老子，道德经，金盾出版社，1999：31.

唯一大力促进科技发展的宗教之一以及全球最珍爱生命和尊重女性的宗教之一。道教深深扎根于中华传统文化的沃土之中。据道经记载，道教起于盘古开天辟地，元始立教说法。传至世间，创始于黄帝崆峒问道、铸鼎炼丹，阐扬于老子柱下传经、西出函谷。故以黄帝为纪元，至今已有道历 4700 多年的历史。《竹书纪年》中载："黄帝崩，其臣左彻取衣冠几杖而庙祀之。"至殷商时代，自然崇敬已发展到信仰天帝和天命，形成了以天帝为中心的天神系统，遇事由巫祝通过卜筮向天帝请求答案，其祭祖活动定期举行。夏商周三代的礼乐文明被道教保存下来。道教实际上是礼乐文明的继承者。周代鬼神崇信进一步发展，所敬的鬼神已形成天神、人鬼、地祇三个系统。道教与道家思想都是以"道"为最高信仰，但是不同的是道教的核心内容为"仙道"。道教认为修道积德、幸福快乐，与自然和谐共处，体现我国人民的精神信仰与心理内核，能够视作整个民族文化的精神归属。道教无论是从政治、科学、文化，还是从民俗、信仰、艺术、伦理道德等方方面面都对我国人民产生了潜移默化与不可估量的影响。

据道书记载，始于龙汉祖劫，玉清教主元始天尊说法度人，传至世间，开宗演教于轩辕黄帝（前 2717 ~ 前 2599 年）祭祀天帝与崆峒问道，阐扬理论于道祖老子（约前 570 ~ 前 400 年 ）函关授经和西行传教，活跃民间于汉末建立太平道的张角（活动于约 168 ~ 184 年）和组织五斗米道的张修（活动于约 178 ~ 191 年）。故奉元始天尊为鼻祖、轩辕黄帝为始祖、太上老君为教祖。从汉代开始，人们用黄老指称今天所说的道教。汉初黄老并称，是由于在当时的道教神系里，轩辕黄帝是五方天帝之首。汉末张角、张鲁等为首之道，乃是汉初黄老思想的继承。今天所说之道教是汉初黄思想的发展延续。中晚唐和五代时期，由于战乱道教信仰进入低谷，但是统治者对道教的信仰仍然持续着，甚至唐代的周武宗和周世宗对道教的信仰不仅不减以前，还下令废除佛教。并且当时道教的拥护者为道教信仰不懈努力，并对神仙学等道教信仰进行研究，著名高道有彭晓、谭峭、罗隐等。宋朝对道教的信仰中，统治者也继承了对道教的信仰，并且宋真宗和宋徽宗对道教痴迷，对道藏进行编著与修缮，对道观进行大建，还对道家仙人进行册封。陈抟、张伯端将内丹学成功地研究与普及，《悟真篇》是张伯端前无古人后无来者的具有非常重要价值的有关修炼术的经典。道教经典总集为道藏，具有一定的目的意义，范围广、结构强，大量的道教经典书籍融汇于其中。经典的道藏有：唐朝《开元道藏》由道经汇编；宋朝张君房主编《大宋天宫宝藏》(《云笈七签》为其精编版）;《万寿道藏》由王道坚编写；元朝初年，全真道士宋德方主持编刻《玄都宝藏》,共计七千八百余卷。这些《道藏》历经兵火和元代的焚经，早已不存。现存明朝时期永乐至正统年间编修的《正统道藏》、万历年间编辑的《万历续道藏》。陆静修的《三洞经书目录》为道教经典的编纂创立了三洞、四辅、十二部的体例和原则，三洞即洞真、洞玄、洞神，四辅指太平、太玄、太清、正一，十二类为本文、神符、玉诀、灵图、谱录、戒律、威仪、方法、众术、记传、赞颂、奏表。[1]道藏是古代的大百科全书，包罗万象，囊括了哲学、军事、政治、经济、历史、文学、教育、艺术、医学、化学、天文、地理、数学、技术各方面的丰富的内容。[2]1996 ~ 2004年，百位专家与道教研究人员集合大量人力物力以《道藏》为基础本，保持基本的架构，编纂现代的《中华道藏》共四十九系。

道教不只是求长生的方术之教，而是有一套颠破不灭的哲学理论，以“道德”教化天下为己任，是和儒教与佛教并列的伟大的宗教。它不仅在中国传统文化中占有极为重要的地位，而且对近代世界也有着不可小窥的影响力。

1.2.3 道家思想核心思想

全人类的文明摇篮为东亚黄河流域、南亚恒河流域、北非尼罗河流域以及西亚两河流域，而哲学的发源地则为古代东方，尤其是以中国为主，在这里可以追寻到人类早期的哲学轨迹，并且能够在人类历史长河当中熠熠生辉。其次是古希腊的西方哲学，然后是古印度哲学，三者并称“世界三大哲学体系”。道家思想是中国“土生土长”的哲学，并在中国哲学中占据了极为重要的作用。

道家的核心思想就是道家创始人老子所提的“道”。“道”在道家思想中贯穿始终，是道家思想的最核心构成要素。何为“道”？概而言之，“道”就是万物的根由与本源，人类的开始，事物发展之规律。老子的著作《老子》当中开篇即言：“道可道，非常道。名可名，非常名。无名天地之始。有名万物之母。”[3]“有物混成，先天地生……吾不知其名，字之曰道。”[4]再有：“凡道无根无基，无叶无荣，万物以生，万物以成，命之曰道。”[5]而庄子则提出：“夫道，有情有信，无为无形，可传不可受，可得不可见，自本自根，未有天地，自古以固存，神鬼神帝，生天生地，在太师之先而不为高，在六极之下而不为深，先天地生而不为久，长于上古而不为老。”[6]由此可见，老子与庄子作为道家思想的奠基人，基于多个角度针对“道”做出了诠释，然则为何难以为人所理解？原因就在于，在宇宙刚一生成的时候，到底应该作何解读无人可以理解。但是可以确定的是，宇宙总归会有一个开始，而这个“开始”就是老子所说的“道”，即“道”应该是比天地更早出现。老子提出的“道”作为先秦时期思辨哲学的一面旗帜，其不但抽象解释了世界本源，同时还全面概括了运行规律。“反者道之动”的意思就是，“道”的运行规律为反向而为。在老子看来，人们所生活的社会环境与自然界都是变化的，原因就在于宇宙中的事物都拥有两个方面，既统一又对立，既矛盾又可以相互转化，同时还总

---

[1] 中华道教，罗华文，三峡出版社：2001：306.

[2] 中华道教大辞典，胡孚琛，中国社会科学出版社，1995：225.

[3] 老子，老子，第一章，金盾出版社，1999：35.

[4] 老子，老子，第一章，金盾出版社，1999：28.

[5] 老子，老子，第五章，金盾出版社，1999：60.

[6] 庄子，庄子・大宗师，新世界出版社，2010：58.

结了多个矛盾现象，包括有与无、难与易、美与丑、善与恶、好与坏、高与低、长与短、大与小、多与少、兴与衰、祸与福、轻与重、生与死、成与败，等等，阴阳两极，彼此包就。而对于这些矛盾对立面而言，没有只有好或只有坏的独立存在的一面，这些方面都因为对方的存在而存在，相互依赖与转化。正所谓“有无相生，难易相成，长短相形，高下相倾，音声相和，前后相随。”[1] 而对立面之间的相互转化则是事物变化规律使然，“正复为奇，善复为妖。”“曲则全，枉则直。”说的就这个道理。月盈则亏，物极必反。在《易经》当中所提出的“太极”，就是和“道”的概念十分贴近，由此也可以看出，《易经》应该就是发轫于道家思想。

但是片面地认为“道”就是天的生成之“始”，这还是远远不足的。老子还将“道”归结成了天的生成原理，即“天是如何生成的”。到了这一思想层面，使得“道”更加复杂化了。不管是西方哲学还是东方哲学，在事物的两极方面，是大体一致的。在东方哲学当中认为，天是在阴阳对立统一的基础上生成的。而西方哲学则认为事物都是由正反两面构成，属于矛盾统一的关系。《易经》有言曰：“无极生太极，太极生两仪，两仪生四象，四象生八卦，八卦生万物。”而老子则言：“道生一，一生二，二生三，三生万物”。事实上，这就是针对一种思想做出了两种解读。本质而言，不管是宇宙，还是人们身边的琐事，都是在阴阳对立统一的基础上生成的。在明确了“道”的基本原理，也就是何为“天”之后，就可以继续探讨万物了。在《易经》与道家思想看来，“天”与万物的生成原理是相同的，而老子对此有着更加深入的理解，提出了“天下母”的思想。老子曾言：“天下有始，以为天下母。既得其母，以知其子，没身不殆。”[2] 在此基础上，才衍生出来“天人合一”的传统哲学理念。在道家思想当中，“道”不仅提到了天地之始，同时还揭示了“天”与“人”的运动规律。在此之后，中国文化当中针对“道”的基本规律做出了概念解读，包括大道、道理以及正道等。其中，正道就是符合运动规律的道；反之就是邪道。而从汉武帝开始，封建统治者将“道”视作自己的化身，提出“拥戴君主即为正道，谋逆不轨即为邪道”，以此来强化封建统治。事实上，在中国的各个学派与领域当中，都可以发现“道”的影子，比如政治、哲学、军事、文学等。因此，如果中国文化剥离了“道”的思想，就会失去灵魂，变成一个空洞的外壳。

在道家经典著作《道德经》当中有言曰：“道生一，一生二，二生三，三生万物。”“有物混成……可以为天地母。吾不知其名，强字之曰道。”[3] 仔细品味之下能够发现，这和基督教当中三位一体创始论提法颇有相像之处。宗教作为世俗的投影，神的观念通常会被人格化。在基督教看来：神是具备超人格属性的，即神不是有限人格可以限定的。因此，在《圣经·约翰福音》当

---

[1] 老子，老子，第二章，金盾出版社，1999：37.

[2] 老子，老子，金盾出版社，1999：17.

[3] 老子，老子，金盾出版社，1999：6.

中就提出了“道就是神”的说法，甚至可以理解为“道家之道即为基督教之上帝，应该是同一个造物主。既然上帝（道）是唯一的，那么就不会是在中国有一位，在西方还有一位。”道家思想是一种哲学思想而不是一种宗教，主张天人合一，互相依存、互相转化，道法自然，无为而治。道家思想的核心“道”贯穿道家思想始终，道家思想从古到今影响整个中国哲学思想与文化的发展。

1.2.4 传统道家思想与新道家思想

传统道家思想以老子与庄子为代表，迄今已有上千年的悠久历史；新道家思想由董光璧先生在20世纪初在其出版的专著《当代新道家》中提出，从更为新、高、广的领域对道家思想重新进行补充发展。传统道家思想与当代新道家思想互为补充，互为完善，丰盈着我国中国哲学文化思想体系的建构。

传统道家思想以老子、庄子的理论为代表，尤以老子论“道”思想更为突出。在老子之前对宇宙的本源，人类只是研究到“天”，但是“天”是否是宇宙的本源，也没有明确的答案；老子对宇宙万物的本源有着自己独到的见解，他认为“道”为宇宙万物的本源与根源。“道”的概念由此而生。在老子看来，天地万物都是“道”衍生出来的，即“有物混成，先天地生。寂兮寥兮，独立而不改，周行而不殆，可以为天下母。吾不知其名，字之曰‘道’，强为之名曰‘大’。大曰逝，逝曰远，远曰反。”[1]而道生万物的具体过程，则为“道生一，一生二，二生三，三生万物。”[2]但是在关于老子的“道”具体内涵解读方面，却是众说纷纭。有人认为“道”应该是宇宙混沌时期的一个统一体，理由就是“有物混成，先天地生”；还有人提出“道”应该是一种超时空的虚无本体，理由是“道之为物，惟恍惟惚”，[3]还有就是“无状之状，无象之象”。[4]通过归纳分析能够发现，老子所提出的“道”包括三个方面的内涵，其一是在天与地之前出现的混沌状态；其二是宇宙万物运动发展之规律；其三是道是没有具体的形状的。

老子的“道”可以进一步深化世界本源伦，包括“天人合一”、“天道自然”以及“天人感应”等。其中，天人感应最早见于春秋战国时期，而到了西汉开始盛行，代表人物就是董仲舒。老子、荀子、王充、刘禹锡、王守仁、王夫之等人都持有“天道自然”的观点，同时针对人和自然之间的关系也做出了多方面的解读。有人认为人在自然面前无能为力，只能顺应，不积极地看待自然，所以应做到对自然要以“无为”之心，代表人物就是老子与庄子；还有人对自然法则的客观性规律给予了肯定，但同时还认为人具备主观能动

---

[1] 老子，老子，金盾出版社，1999：20.
[2] 老子，老子，金盾出版社，1999：12.
[3] 老子，老子，金盾出版社，1999：27.
[4] 老子，老子，金盾出版社，1999：7.

性，可以认识自然、改造自然，比如荀子所言的“制天命而用之”就是如此。而从宋代开始，“天人合一”得到了各派哲学家的普遍认可。只是在气本论者看来，天人之合在于“气”；在理本论者看来，天人之合在于“理”；在性本论者看来，天人之合在于“性”；而在心本论者看来，天人之合在于“心”。纵观中国哲学发展史可见，传统道家思想对于天地万物的运动与变化是有所肯定的，认为动和静之间彼此依存，互为前提，也可以互相转化。然而关于动和静哪个是根本、哪个是主体这两个问题，却意见不统一。老子认为“归根曰静，静曰复命”，而王弼提出“动起于静”，也就是静作为动之本。在道家思想当中，是以动为本，将静看作动的表现形式，从而诠释了动和静之间的逻辑辩证关系。

老子对于太古时期的原始社会形态十分青睐。在他看来，在出现了人类文明之后，导致人类逐渐丧失了质朴本性，所以应该回归自然，返璞归真。在战国时期，思想家邹衍提出了五德终始的学说，基于五行相生相克的角度对于朝代兴衰更替做出了解释，即周而复始、兴替不息。而先秦法家对于历史发展是给予肯定的，所以伴随着历史的发展演进，治国政策方针也应该及时推陈出新。后来“公羊三世说”由董仲舒所提，具体是将《春秋》里面所记载的鲁国 12 个国君统治时期划分成三个阶段,从近到远各自是“有见”、“有闻”以及“有传闻”。将这一思想继承并发扬的是东汉何休，认为在治乱兴衰当中,历史也在不断地发展,逐渐地从低级发展为高级,从蛮荒发展为文明。

总体而言，传统道家思想所体现出来的基本特征包括以下四方面内容：第一，“天人合一”思维模式。中国古代哲学思想和西方哲学思想最大的区别就在于，西方哲学注重分清门类，可以具体分析个别事物与微观思维，而中国古代哲学则是基于整体角度来体现天人关系，将一切的自然社会、宇宙人生发展变化都视作一种有序运行，所界定的至高思想境界就是实现“天人合一”；第二，道家思想并未如西方中世纪神学那样专门服务于统治者。在数千年的封建社会发展历程当中，道家思想一直在民间存在，是中国哲学思想的主导力量。传统道家思想作为中国传统哲学文化的基础与主干，以其深厚的历史文化根底以及思想体系的开放性、包容性，屹立在当今的哲学思想中而不倒；第三，强调以“德”为本位的人道主义。在西方人道主义当中，是以个性自由作为本位，而中国人道主义则是以道德作为本位，同时这也是中国哲学思想的核心所在，即注重伦理道德。而借助对伦理道德进行研究，也使得中国传统道家思想影响力有所扩大，进而推动中国思辨哲学到达一个发展高峰，极富人道主义色彩；第四，提出知行合一的认知理论。尽管中国传统哲学当中的知行思想笼罩着伦理学外观，但总体来说，传统哲学的知行合一是和现代认知论有所不同的，提出了不可知论点。事实上，大部分古代哲学家都是倾向于知行合一的，也就是可知论者，就算是庄子，也并非绝对意义上的不可知论者，这和西方知行理论有着明显的不同。

新道家这个概念是从 20 世纪初提出的，现在的新道家，主要指的是当代新道家，它是董光璧先生在《当代新道家》一书中首先提出的，在他的著作中，新道家指的是那些受道家思想启发做出卓越贡献的科学家。“当代新道家”为物理学家、科学史家李约瑟、汤川秀树、卡普拉。这三个人的有关新科学与新文化哲学的思想早已在道家思想中出现，但是他们是以当代新科学的角度进行阐述研究，所以说这三位科学家是对当代新道家的形象重新的塑造。胡新和对新道家有这样的论述：“在中国的现代化进程亟须扬弃传统文化以重塑适应时代和国情的现代文化大背景中，倡导当代新道家思想的研究与弘扬，对应于在海内外颇为流行并已成气候的现代新儒家思想，确有其独特的意义与优势，并可望成为一种贯通古今、契合东西的新文化观的生长点。”[1]胡新和对新道家的评述中肯，新道家与传统道家相互补充与充实。

1991年董光璧先生在其出版的《当代新道家》一书当中，明确提出新道家要从“潜”转变为“显”，从而给中国哲学带来了新的学术风气。科学与人文文化的人为割裂以及东方与西方文化之间不可逾越的差异在该书开篇当中进行了论述，进而提出要构建新的世界文化模式，即新道家思想。通过对当代新道家思想内涵的解读，使得论点能够高屋建瓴，颇具启发意义。董光璧先生对于新道家的产生背景做出了分析，认为在当代科学技术快速发展以及社会危机逐渐凸显的形势之下，新道家应该与新儒家齐头并进。而英国学者李约瑟则是对道家思想和科学技术之间的关系做出了论述，明确了道家思想所具备的重要价值；日本学者汤川秀树针对道家思想的现代意义做出了分析，认为道家直觉可以丰富科学认知；美国学者普拉对于道家思想当中的生态智慧十分推崇，然后以此为基础建构了新的世界文化平衡发展模式。董光璧则是将上述道家思想现代形态做出了整理，并形成四个基本观点，分别是道实论、循环论、生成论以及无为论。在道实论里面，董光璧主要是基于道的内涵以及真空研究等角度来分析道的现代意义，提出道就如同物理学当中的“量子场”概念，在此基础上，分别从粒子转化、宇宙起源以及运动定律等几个方面来解释道的生成论。在循环论里面，最高层次就是形成一个理想的宇宙循环图像，其中包括三个科学循环理论，分别是物质循环、能量循环以及信息循环。而在无为论当中，董光璧认为，老子所提出的“自然无为”思想，其实就是告诉人们应该顺其自然，遵照客观规律来行事。老子的无为思想能够在一定程度上为解决现代科技发展瓶颈以及社会危机这两个领域发挥出重要作用，同时也是现代科学人文主义的一个典型参照。

董光璧先生在其著作《当代新道家》中对当代新道家进行了系统的阐述：“那些基于当代新科学的世界观向东方特别是道家某些思想归复的特征，提倡一种以科学新成就为根据、贯通古今、契合东西的新文化观的学者称之为当代新道家。”[2]“我用当代新道家指称以李约瑟为代表的这样一批学者，他们揭示出正在兴起的新科学观向道家思想归复的某些特征，并且倡导东西文化

[1] 当代新道家给我们的若干启示，胡新和，哲学研究，1996：57.

[2] 当代新道家，董光璧，华夏出版社，1991：96.

模式融合以建立一个科学文化和人文文化平衡的新的世界文化模式。”[1]当代新道家思想以当代新科学为依据的世界观，致力于中西文化的融合，成为中西文化交流的桥梁；新道家思想着眼于科学文化与人文文化的平衡，而且新道家思想亦是普通平民百姓的。

1.2.5 道家思想与儒家思想的区别

儒家思想也可以称作“儒学”或“孔学”。儒家思想是由至圣先师孔子所创立的，最开始是指司仪，之后经过不断地丰富与完善，最终形成一个统一的思想体系，其核心就是“尊卑有序”、“仁者爱人”。而在封建皇权的大背景之下，儒家思想又被赋予了“大一统”、“三纲五常”以及“华夷之辨”等内涵。

在儒家思想体系当中，包括了礼、仁、孝、德，可以为人生提供方向指导，解决人生问题，提高个人境界修养，行仁政，有性善论，可贯通天人。西汉时期的董仲舒提出了“大一统”与“罢黜百家，独尊儒术”，确立了儒家思想的正统地位，使得儒家思想开始上升为国家哲学的根本，而学习四书五经也就成了读书人的主业，儒学即显学。事实上，通过普及儒家思想，确实解决了很多社会问题。比如儒家思想提出治理国家要行仁政，于是一些政治家就在此指导下，通过政策措施来限制土地过度集中，构建了完备的思想道德行为标准体系。在汉武帝时期，国富民强，从而给后世的封建统治者提供了基本参照。董仲舒在建立大一统思想体系的过程当中，也不同程度地借鉴了法家、道家当中有利于巩固皇权统治的思想因素，完成了儒学改造，比较具有代表性的就是“君权神授”与“大一统”，加强中央集权，为社会稳定提供了思想支持。而儒家思想能够历经两千多年的历史洗礼，禁得住王朝变换的冲击，就是因为在思想内核上讲求天人观念，在伦理道德上提出“仁者爱人”，在政治主张上提出“大一统”，可以在根本上契合封建统治者的实际需求。汉武帝在董仲舒的建议下“罢黜百家，表彰《六经》”，在长安设办太学，所使用的教科书都是儒家经典著作，并设置了儒学五经博士。同时一系列的朝廷礼仪活动，也都采取了儒家思想体例，包括诏令、廷议等，形成了儒家政治的历史传统。但需要说明的是，汉武帝并未禁止其他思想学派，而且所倡导的儒家思想本身也汲取了其他学派思想，比如法家、道家、阴阳家等。儒家思想所体现出来的社会影响力主要是集中在为封建统治者提供社会治理方面的思想支持，并在实践当中获得了良好的成效，这就决定了儒家思想能够获得官方的认可，进而成为中国文化发展史的主流脉络。纵观中国政治历史，两个主体内容分别是儒家思想与封建君主专政制度。三纲五常，尊卑有序，这才是儒家思想当中所描绘的理想社会。于是，就有了“礼”与“刑”。如果违反“礼”的规范，则会受到“刑”的惩治。

---

[1] 当代新道家，董光璧，华夏出版社，1991：62.

由本章分析的道家提倡自然无为，提倡与自然和谐相处。遵循自然之法则、遵守“道”之规律、遵从宇宙之理念，成为道家思想永远不变的主题。道家思想在中国从古至今，得到人们的重视与关注，尤其在当今社会中的设计中无处不体现道家思想的存在与影响。道家思想的智慧无处不在影响着中国人的选址、居住、布局、出行、生活等诸多方面。由道家思想与儒家思想的分析可总结概括为道家思想更贴近于人们的日常生活，更接近于老百姓的习惯；而儒家思想主要以“礼”等级制度为核心体系，为维护统治阶级的理论奠定思想基础，也为统治阶级理论思想建构了系统的统治体系，所以儒家思想更为统治阶级所用。

1.2.6 道家思想与释家思想的区别

释家思想亦称为佛教思想。在思想层面上，佛教可以分成两大体系，即大乘佛教与小乘佛教。基于思想渊源而言，大乘佛教主要是由小乘佛教的部派佛教那里演化而成的。而基于阶级根源而言，大乘佛教具体是古印度从奴隶社会转变为封建社会的阶级变革产物。后来，大乘佛教与小乘佛教都传到中国。尤其是从东汉末年到南北朝时期，部分小乘佛教较为兴盛。而在唐代形成了“大乘八宗”之后，基本就是“大乘独尊”，只有在大藏经当中保留下来一定数量的小乘“三藏”，其他小乘佛教思想学说基本绝迹。不管是居士还是出家人，都将“大乘”视作佛教不二法门，行则以“菩萨”而自居。这主要是受到社会历史发展的影响，即大乘佛教更能够适应时代变革发展的需求，这就决定了大乘佛教会在隋唐之后独占鳌头。

在大乘佛教的思想学说当中，对于空、有、相、性做出了明确的区分。所谓的“空”就是空宗，在中国佛教思想发展史上，影响最大的就是隋吉藏开创的三论宗。三论宗里面的“空”并非是没有，而是指事物本体，即“缘起有”而“自性空”。事物本体应该为“自性空”，也就是唯有假相，不具备实体。在僧肇看来，是由于“不真”，所以才会“空”，即“不真空”。这主要是针对客观现象来讲的。若基于主观认知而言，“空”就代表着不著相。在《金刚经》当中有“凡所有相，皆为虚妄”。在“虚妄”的前提下，才会是“相”生“执着”，进而为“空”。还有就是，空宗和“有宗”之间的主要区别，并非是对客观现象的认知，而是对于现象本体的看法。空宗与有宗大体一样。在“有宗”各个派别当中，都提出过宇宙万有皆为虚妄的说法。唯一不同之处就是针对彼岸世界做出的认知。而空宗则不但认为现实世界是虚妄的，同时还认为彼岸世界也是不存在的。比如在《大晶般若》当中就有“设一法胜涅槃者,曰亦复幻梦之间”,这就体现出了一切皆虚妄的看法。所谓的“涅槃”，指的就是佛教当中的彼岸世界，这是佛教信徒的最终归宿。然而，在空宗思想学说当中,不但“涅槃”为空,而且“设一法胜涅槃者”亦为空。而且除“空性”以外，空宗对于其他精神实体也不予认可，包括超自然性、彼岸世界等。空宗的世界观所秉持的是“性空缘起”，也就是只认可“缘起性空”，其他都是不存在的。空宗和有宗之间最大的区别，就在于此。有宗顾名思义，就是对存在持有肯定态度。首先，有宗认为存在彼岸世界，也就是存在着“无上菩提”和“大般涅槃”；其次，有宗对具备彼岸性的精神实体持有肯定说法，也就是“真如”以及“佛性”等。在有宗当中,还可以细化为“相宗”和“性宗”，这是两个不同的体系。“相宗”创始者为唐玄奘，即为法相唯识，基于现象论而言，就是“法相宗”；就基于本体论而言，就是“唯识宗”。唯识宗所秉持的世界观为主观唯心主义，也就是不但认可世界本源，同时还认可彼岸精神实体，因此称作“有宗”。“相宗”和“性宗”的主要观点包括两个：一个是解脱论,不认为众生都具备天然佛性;另一个是在世界观层面上,不认为“真如”就是世界本源，这就意味着不存在“真如缘起”的思想。“性宗”的两个主要宗派分别是天台宗与华严宗。基于解脱论而言，天台宗与华严宗都持有“佛性”论，也就是认为众生都具备天然佛性；基于世界观而言，天台宗与华严宗都持有客观唯心主义观点，即“真如缘起”，认为在冥冥世界当中具备一个超乎自然的最高精神实体，同时这个精神实体还有着彼岸性，属于世界本源当中的最高存在，其他的所有事物都是从这里衍生出来的。而这个最高存在则被称作是“真如”或者是“佛性”。因为天台宗与华严宗对世界事物的认知都是以“真如”与“佛性”为基础,最后又都归结到“真如”与“佛性”，于是被统一称作“性宗”。由此分析释家思想是对世界的感悟，是人们心灵的净土。

道家思想对宇宙、人生和设计等有其独到见解与领悟，在哲学思想上体现出动态的生命力与持久不衰的实用价值。道家思想在中国从古至今，得到人们的重视与关注，尤其在当今社会中的设计中无处不体现道家思想的存在与影响。道家思想的智慧影响人们平日的生活习惯乃至设计思维的实践与具体的使用。释家思想整个的思想精髓就是觉悟，觉悟是达到解脱的道路，人通过自我觉悟最终要达到这个解脱。佛家所说的“涅槃”就是重生的意思，把苦整个消灭掉，从而进入到真如实境之中。由此分析可以看出释家思想更注重心灵上的交流，更注重心灵上的净化。

第2章　建筑环境审美营造的道家解读

2.1　含蓄美与建筑环境营造

2.1.1　含蓄美与建筑营造

道家思想含蓄美在中国建筑审美中影响深远，道家思想在建筑的表达上与易学思维中“象”联系在一起作为对美好生活的向往的隐喻实为普遍。

“象”在表达方式上并不像“原始思维”那样是纯感性的、形象的符号，而是带有感情色彩的抽象性、特殊性与共相性为一体；“象”运作过程中，它所把握、追索的是对象世界的抽象的、一般的意义，是对世界本质和规律的探索。“象”在建筑中美的表达夹带着直观性、形象性的因素，但是又能超越自身，摆脱直观形象的束缚，从建筑的“象”到达“意”的深层含蓄寓意，从建筑的表层深入到意的本质，上升到一般、共相的高度，获得关于道家思想对建筑总体本质的认识。如易学中，《系辞》不只把八卦的符号视为是天、地、雷、风、水、火、山、泽八种物象，并且八卦的符号所代表的物象具有象征的功能，蕴含着宇宙之道。所谓“立像以尽意”，“于是始作八卦，以通神明之德，以类万物之情”云云，就说明了道家思想在建筑中含蓄美的表达。

道家思想将含蓄美表达在建筑中，将自然界的植物与动物抽象、变形，成为建筑中吉祥的图案和纹样，运用了象征、假借、比拟等手法来含蓄表达。象征：用具体建筑中的事物表现某些抽象意义。如建筑中的蝙蝠象征“福”。元稹《长庆集》十五《景中秋》诗：“帘断萤火入，窗明蝙蝠飞。”蝙蝠省称“蝠”，

图 2-1　八卦图
（来源：王大有《图说太极宇宙》）

☰	☱	☲	☳	☴	☵	☶	☷
乾	兑	离	震	巽	坎	艮	坤
金	金	火	木	木	水	土	土
天	泽	火	雷	风	水	山	地

图 2-2　八卦图符号代表
（来源：王大有《图说太极宇宙》）

因“蝠”与“福”谐音，人们以蝠表示福气，福禄寿喜等祥瑞。龙凤是中国所特有的，代表了中国古老的传统文化，龙凤也相当于老子说的阴阳，龙凤是吉祥与富贵的象征。鹤跟道教、神仙有着密切的关系，因此，鹤作为一种文化现象，被视为长寿之物。鹤与松结合，成为长寿的象征。祥云是由灵芝发展而来，灵芝与祥云是道家如意象征，即富贵祥瑞之物，象征着吉祥如意、祥瑞长寿。又如建筑中朱雀图案的瓦当，朱雀这个动物并不真实的存在，是我国吉祥鸟综合体的象征，是中国的吉祥物的代表。假借：语言中的某个字，依照它的声音“假借”一个“同音字”来寄托这个字来表达吉祥的意义。例如，建筑中白鹭的“鹭”与“路”互为谐音，“蝙蝠”中的“蝠”与“福”互为谐音，“莲花”的“莲”与“连接”的“连”互为谐音，“鱼”与年年有余的“余”互为谐音，瓶子的“瓶”与平安的“平”互为谐音，荷花的“荷”与和美的“和”互为谐音等等，这些建筑图案假借同声的吉祥之字来表达吉祥之意。比拟：“拟”就是仿照的意思，比拟不要求两者具有极其相似性，可以以含义来表达吉祥之意。例如，八件宝物：轮、螺、伞、盖、花、瓶、鱼、结来表达八种吉祥之意。青龙、白虎、朱雀、玄武四灵兽来表达东、南、西、北四方位。

2.1.2 含蓄美与中国园林营造

道家思想含蓄美的内涵在中国园林中体现得尤为明显。比如，中国园林的水池以合乎自然为美，池岸多为自然曲折形状，岸边砌以不规整的块石，有的还种植芦荻，讲求自然情趣。广阔的水面之上，通常会有集中与分散的水域进行划分，来表达平静的池水与烟波浩渺之景象。如水面不是很大，以自然的乱石营造成为池岸，再加以芦苇、翠绿的竹子，色彩斑斓的鲤鱼在水中自由的游弋，给人的感觉却是汪洋广阔之水。游人虽看不到完整的池水，但能在想象中体会到池水的宏伟景象。游园之人不论身处在园林何处，总能体会到园林如画的境界。中国传统园林对近景远景的层次十分讲究，园林中的亭台楼阁的布局，假山的营造与池水的搭配，红花绿草与树木的点缀，为园林中的景色塑造出诗情画意之意境。园林中的意境与画味，要用心体会风景背后精致、唯美的“含蓄美”。

中国园林常以小见大，常以滨水建筑、山石、廊桥等元素对空间进行划分，造成园林的曲折多变，扩大园林的空间。园林含蓄美以幽深曲折与对景色的组景、引景使人觉得比原本园林空间大，给人以“画意”含蓄的审美想象空间。中国古典园林与中国山水画有同出一辙之意。中国传统园林采用中国山水画含蓄之手法，采取“山重水复疑无路，柳暗花明又一村”的含蓄表达手法。欲露先藏的园林表达手法，藏露得宜，主体明确，平中见趣。园林中的假山、植物、滨水亭廊遮掩住主体水景，不让游者一目了然，而引导游者一步一步地接近水景，主体水景渐入眼帘。一遮一藏一露，使得平淡无奇的园林趣味丰富而无穷。造园者还经常运用分隔的手法加深景观层次来表达含蓄之美。例如，曲折的小桥或汀步经常架于水池之上，这样使得平淡的空间层次丰富，给人以奥妙无穷、神秘之感。园林景观中的花墙和长廊，虚虚实实，实实虚虚，虽然将空间界定，但并未将空间隔断，增添“含蓄”美的情趣。如果是在苏州园林中游赏，即便是一个园林的角落，也都能感受到图画含蓄美——滨水建筑旁就必有几竿竹子、几枝芭蕉点缀其间，叠以山石，以避免单调和直白。

而借景同样是作为中国园林的一种含蓄表达方式，也就是巧妙地将园林外面的景物“借”到园林里面，使其成为园林景物的构成部分。中国园林的借景能够起到收无限为有限的神奇作用。在借景内容上，可以是借自然山水，也可以是借人文景观，还可以是借天文气象。比如北京颐和园就是将远处的西山与近处的玉泉山借为背景，彰显了湖光山色的写意，尤其是在红日西坠、晚霞映天的时候，意境十分优美。借景主要包括七种类型，分别是：第一，近借。可以在园林里面观赏到近处景物。第二，远借。在未封闭的园林里面可以观赏到远处的景物，比如靠近水泊的园林，就可以将远处的岛屿以及广阔的水面纳入到园林景观当中。第三，邻借。能够在园林里面观赏到其他相邻园林的景物。第四，互借。彼此相邻的两个园林，可以将各自的景点借给对方观赏。第五，仰借。在园林里面通过仰视能够观赏到园林外面的山峰、绝壁以及高塔等。第六，俯借。在园林里面较高的地方俯瞰园林外面的景物。第七，应时借。一年四季，天文、自然、气象景观各有不同，具有明显的应时性，据此，园林可以将一年四季的动态景观纳入到园林景物当中，达到应时借的效果。借景方法则主要包括以下几个：第一，开辟赏景透视线，将不利于赏景的障碍物清除掉，比如修剪树枝、镂空围墙等。也可以是在园林里面修建楼榭亭台等，以此为视景点，进行仰视或者是平视，从而观赏到悠悠烟水、叠翠山林以及凌空梵宇，意境悠远。第二，通过提高视景点的高度来打破园林范围的界限，使得园内的人能够穷极千里目，一览周边景。第三，借虚景，比如朱熹在诗中曾言：“半亩方塘一鉴开，天光云影共徘徊”，这其实就是借虚景的道理。上海豫园就是通过镂空花墙上面的月洞，来巧借隔壁的水榭风光。

事实上，在中国古代时期就已经使用到借景的含蓄手法来突出美景。在唐代王勃的《滕王阁序》一文当中，描写滕王阁的景观就是借了赣江之景，即“落霞与孤鹜齐飞，秋水共长天一色”；而北宋范仲淹的《岳阳楼记》描写岳阳楼的景观，则是近借了千里洞庭水，远借千仞君山，勾勒出一幅气势磅礴的山水诗画。在杭州西湖，著名的“西湖十景”则是彼此互借，各自独立，却又相互勾连，展现出了西湖的美轮美奂。而从明朝末年开始，“借景”被单独列为理论概念，最早可见当时由园林建造专家计成所著的《园冶》一书当中，明确提出了“园林巧于因借”等。

2.1.3 含蓄美与室内营造

道家思想的含蓄美于室内，不是直白的表露，是对室内内容的逐层引入、渐渐深入、慢慢展现。

中国传统室内设计在道家思想的影响下十分讲究“含蓄”。中国的室内多设计为不易让人有“一望无垠”之感，要逐步展示，所以中国室内一进门处总会有一个屏风之类遮挡住视线。屏风，是中国极具传统韵味的家具类型，在古代使用非常的普遍，现在虽不再被列为常用家具类型，但在道家思想中其地位却日渐显耀。屏风以室内含蓄美的表达方式以它优雅的姿态出现在我们日常家居生活中，并发挥着其不可代替的作用，可以美化环境，点缀情调，趋吉避凶。如室内没有屏风之类的物件，在室内设计时也会在一进门处留一个“玄关”空间，从道家思想角度讲，室内一进门要有留住财气的空间，不能一入室内便能看到室外，或室内一览无余、没有遮挡，过于直白的营造是不可取的。没有玄关作为室内的缓冲与遮掩，如大门与阳台或窗户的室内营造没有遮挡，过于直白的营造，在道家思想中为不聚财之布局。入口空间没有阻隔屏障，与外界相通这样的格局，在室内中为“不旺”、“不聚财”，并且是家里的成员也难以聚集的布局。所以，中国室内入口常设计一屏障或一玄关，就是将室内进行含蓄的营造，让室内之气在室内的入口处盘旋，而不是从阳台或窗户直接流入室外。道家思想寓意吉祥的含蓄美在室内中也有体现，如入口的对景：开门见红、开门见绿、开门见画。开门见红：亦为开门见喜，即开门就看到红色的墙壁或饰品，进屋给人以喜气洋洋之感，给人以温暖振奋的感觉，心情愉悦。开门见绿：即一开门就看到绿色植物，生趣盎然，又有养眼明目之功效。开门见画：若开门见门神，有镇宅驱邪之功效。道家思想在室内的营造对镇宅驱邪有着含蓄而美好寓意的传达，开门见门神为镇宅驱邪；开门见“石敢当”也拥有同样的美好含蓄美的含义，表示着吉祥、如意、安康、平安的祝福含义。并且，道家思想通过对道法自然的理解和自然规律的运用与室内的布局相融和谐，才能传达出对住宅的室内营造具有美好的表达之含蓄审美含义。中国传统道家思想与西方哲学思想不同，中国的思想是含蓄的，所以在室内的营造中尤为的注重。道家传统哲学思维认知视角主要是从人本身的视角观察自然与利用自然，人与天地相参，就是将纯粹的大自然的景物引入室内，也要通过人的思维转达为“意境”，再通过意境传输给人们室内遐想的空间含义，这就造就了道家思维的含蓄美在室内的表达。也就是说道家的传统思想对外物不是关注其本质价值而是经过人的思维过滤、筛选形成了思维审美的价值，从而在室内的营造时审美的表达不是直接的而是带有寓意与深沉含义的审美观。所以在室内营造时，虽然室内的陈设、家具、颜色与道家思想相联系，道法自然，但是在审美的表达上为含蓄的，给人以想象的空间与余地，让人可以思考与凝思，室内意境与寓意的产生与表达也由此生成。与欧美相比，这种含蓄美的思维表达是我国特有的，在道家思想的深化与寓意的结合下，达到了我国建筑环境营造审美表达的特有性与独创性。因此，含蓄美的营造在建筑环境中具有我国的独特性。

2.2 “虚静”美与建筑环境营造

2.2.1 “虚静”美与建筑营造

道家创始人物老子是最先提出“虚静”概念的,其在《老子》当中曰:“致虚极,守静笃。”而后来的庄子则是继承并发展了“虚静”概念,于是就有了“坐忘”与“心斋”这两个说法。法家代表人物韩非子则提到:“思虑静后至德不去,孔窍虚乃有气入”,认为要先知道“虚”,之后才能够了解什么是“实”,要先明确“静”,之后可以清楚“动”。《庄子》一书不但是哲学大作,同时还是美学专著,具体表现就是将“虚静说”阐述为审美理论。这里的审美,所强调的是“审美人格学”,可以彰显出艺术家的崇高胸怀。虽然这不是人生观,但是却蕴含深刻的人生道理;也不是伦理学,但是却有关于人格的经典论述。应该说,老庄所讲的“虚静无为”确实具有明显的避世情怀,然而正是这种避世情怀才能够避免和丑恶的现实和光同尘,坚守“纯白”,追求“纯素”,达到超然物外的精神境界。尽管老庄思想当中的“圣人”境界属于空幻的,但是却能够和“无耻者富”的丑陋人生划清界限。所以,老庄提倡的“虚静无为”代表着对人生与人格的终极追求。而这种追求在被融入了审美观念的基础上,再由各个时代的艺术家、园林家进行丰富与充实,最终使其具备了更为多样化的内核。基于某种意义而言,审美胸怀是与“艺术人格”相等同的,至于审美“虚静说”则可以理解成“审美人格学”。“虚静”的内涵引入建筑,对于建筑高逸、绝俗、清净、达观、纯朴的营造无疑具有深远积极的意义。

建筑“虚静”美,是通过建筑宁静的空间、静态的水流、自然的树木等对建筑的渲染而成,表现建筑的清、淡、静、雅,超凡脱俗;以“淡”、“静”表象显示含蓄、意味深长的“意蕴”。安藤忠雄的建筑作品也能够体现“虚静”之美:由简洁的几何形体、清水混凝土,以及光影、水、树等自然元素抽象组合,让人感到清净、纯朴与逸然。长野县博物馆由日本著名设计师妹岛和世设计,建筑的一层为架空空间,与周围绿化相融,二层由简洁玻璃幕墙构成,其玻璃幕有竖向条纹压花,建筑外的天光与植物之影映射到室内,给人以静雅、灵空之感。我国国家图书馆二期方案,由大面积玻璃与中国的“竹”寓意元素相结合,建筑彰显清淡雅静、空灵四溢、变化丰富、韵味深长之意。上海青浦私企协会办公楼,其设计理念为虚静,建筑的底层为架空,并且中央为虚空的内庭院。玻璃构架墙与玻璃幕墙虚空相接,竹子种植其中,竹影婆娑,联想无限。建筑实体墙印有冰裂图纹,深浅光影气氛生动,凸显“虚静”之意。厦门观音山国际商务中心设计方案“以静寓动”,动更富有意蕴。透明玻璃幕墙,来表达虚静之意;玻璃幕墙局部气泡凸出分割线的竖向分割,来表达欲动则静之意。

2.2.2 “虚静”美与园林景观营造

在《文赋》当中有言曰:“其始也,皆收视反听,耽思傍讯,精骛八极,心游万仞。”这其实就是认为在艺术创作的过程当中，需要做到心外无物，全身心投入，和老庄提出的“无欲以静”有相通之处。在东晋陆机之后，南北朝时期的画家宗炳又提出一个新的美学概念，即“澄怀味象”，所强调的是“贤者澄怀味象”。这里所说的“澄怀”，指的就是细细品味审美主体，形成全面的审美体验。而“象”则是指的艺术形象,和“道”的意思相同。同时，宗炳还认为,唯有做到“澄怀”,才可以在审美观感当中做到“万趣融其神思”，进而产生一种“畅神”的愉悦审美体验。在此之后，刘勰对于“澄怀”论做了更加深入的解读，其在《文心雕龙》一书当中提到：“……故寂然凝虑，思接千载……贵在虚静，疏论五脏，澡雪精神。”这里所讲的“寂然”，其实就是指的“虚静”心理状态，认为虚静能够作为艺术创作者进行天马行空一书想象的绝佳心理条件，这恰如学者程会昌所言：“所谓求静则远思初步，盖因不为物扰，所以体物也。”而在讲到如何欣赏自然美的时候，则曰：“是以四序往复，终入兴贵闲。”“贵闲”就是悠闲，指的就是虚静的心态。在中国园林的建造过程当中，尤为重视虚静，以此来营造自然美感。

而明代吴廷愉在《醉轩记》一文当中则言：“吾凭栏而望，恢恢然、浩浩然不知其所穷，反而息于几席之间，晏然而安，陶然而乐……志极意畅，则浩歌颓然，不知其所以也。”这不但将虚静致幻的自然体验描写得淋漓尽致，同时还能够生动形象地产生静态美感。清代廖燕在《意园图序》一文当中写道：“迨意念生发，则舍我而逐于物，或成鼠尾，或作虫臂，其形状岂可胜穷耶？”廖燕还举例证明：赵子昂所画之马，其为“俨然一马也”。廖燕所强调的尽管是“意”和创作之间的关系问题，但同时也不自觉地提到了虚静和幻觉之间存在的关联。况周颐在《蕙风词话》当中曾言：“适逢人静灯昏，吾据梧而冥坐，湛怀息机，有感万籁俱寂，吾之心胸骤然开朗，盈盈然如皓月当空，肌骨清凉，乃不知今夕何世也。”这就是通过进入幻境来体悟悠远自如的审美境界。中国古典园林中的水景对自然中的水进行了高度的概括与提炼，然后加以艺术审美，让人在园林中既感到自然之美又感到艺术的魅力。园林中的水有时聚有时散，有时开有时合，有时收有时放，有时曲有时直……趣味无穷,如“收之成溪涧,放之为湖海”。宋朝的郭熙在《林泉高致》中就写道“山得水而活，水得山而媚”。[1]我国的园林水景中，由于受道家“虚静为本”思想的影响，所以水景的表现主要以静态美为主，即便是动态的水景也是静中之动。虚静美之精神，是道家思想对我国审美潜移默化的影响，我国的园林以自然环境为依托，在自然环境中寻找幽静、静谧、淡薄之情，是心灵的升华与精神的感悟。山水园林可以“释域中之常恋，畅超然之高情”（孙绰《游天台山赋》）；可以让人“萧然忘羁”（王徽之《兰亭诗》）。这时期在一系列有关文士园林的记载及文士好山水之乐的记述中，都贯穿着这种旨趣。山水之好、园林之乐，处处与清雅的尚好、静远的性情及精神的超然物外联系着。

---

[1] 郭熙，林泉高致，山东画报出版社，2010：26.

园林景观中的山、水、花、树、鸟、人、月……一切都是它们自身，同时又与更博大的更深远的生命本体联系着，因此显得那么微妙，那么空灵、深远。这是生命境界，也是艺术意境。如，王维笔下的斤竹岭："檀栾映空曲，青翠漾涟漪。暗人商山路，樵人不可知。"山岭、翠竹、溪水、小路、樵者，它们是一个个单独的生命，又仿佛是一个生命整体，永远宁静、自足，流溢着无限的生机。这个世界是如此和谐，空寂，没有物我之分，只有一片宁静和浑然的生气，若实若虚，似有似无。这个境界是自然与人的一体化，也是生命个体与无限的生命本体的统一，又是心灵才会有的对物象入境的如此虚空寂幽的感受。

心灵在园林畅游时体会到了生动变化，虚静的体现是宇宙中生气的表达，我们以心灵的感悟与宇宙中的虚静相追随，以心灵感悟宇宙中的虚静之美，以宇宙之美表达心灵的沉静之感。中国人的心灵向往融入宇宙大生命体中，故而有追求静、远的倾向。中国园林营造给人的心灵感觉是宁静的——宁静之中有无形的生气浑然流动，无论山水或是花鸟，都有这么一种至静而动的气韵；这种宁静的生命又是玄远的，每一个具体的山水形象或花木竹石的存在，都仿佛不只是它们本身，还显示着一种旷邈、幽深的存在。

2.2.3 "虚静"美与室内营造

《庄子·天道》中称："万物无足以饶心者，故静也"[1]，意思就是说没有琐碎烦扰的事情牵连着心灵，抛开世俗琐事，才能达到心静、虚幻的境界。这种虚静的境界与心灵的深处的审美相通，静心表达，是心灵与审美的通道，最理想的审美境界就是心灵处于"虚静"时的灵空平稳体现。刘勰为南朝的文学理论家，在其著作《文心雕龙·神思篇》中指出："是以陶钧文思，贵在虚静，疏瀹五藏，澡雪精神"[2]，说明了心无旁骛之时，心灵境界的"虚静"对审美的意义与价值。审美与心灵相通的"虚静"美，"虚"是心灵和审美的境界，"静"是心灵与审美一起作用下平静、自若的体现，"虚"与"静"相辅相成，相互依存，相互依赖，不可分离，由此，"虚静"的境界为审美与心灵相通表达最理想之状态。室内"虚静"的营造为心灵与审美的通达虚空、宁静、淡泊的表达与营造，对室内的营造气氛渲染，以心灵的"虚静"赋予室内审美更富有灵动、沉思、静心的感悟。"虚静"的审美与心灵的相通，是人在室内中感受与体味静谧的自然与奥秘的宇宙空间的营造方式，是逍遥自在、无拘无束的心灵的体会，也是室内审美境界赋予身心的宁静与沉思的渲染。"虚静"在室内的营造是审美与心灵相通碰撞的表达。室内的营造得"虚静"便可入"水心云影闲相照，林下泉声静自来"[3]的静谧、美好意境，如苏州怡园玉延亭内还有明代董其昌的草书对联可赏："静坐参众妙，清谭适我情"。

---

[1] 庄子，庄子·天道，上海古籍出版社，2002：86.

[2] 刘勰，文心雕龙·神思篇，上海古籍出版社，1966：267.

[3] 程颢，游月陂，山东文学出版社，1990：19.

室内的营造凸显道家“虚静”思想，是以宁静、沉稳、静谧的内心世界去感受、感悟室内中的事物与景色，一个桌子，一把椅子，一个青瓷瓶……让人体味，引发人们遐想，体味这种宁静、悠然而玄远的心境，虚静美在室内小小空间的表达完全可以让人们感悟到世间的永恒与安宁，反过来又以这种心境感受物象人事，使所闻所见的一切对象皆染上了一层清静、悠远的色彩和意味。这样的体味是心中体会到的世界，并非客观的真实存在。这样重在内心体味而忽略外在形迹的结果，体现在室内中，便是悠远、脱俗的意蕴。室内营造时将植物引入亦可表现“虚静”之情：“岂唯不见人，嗒然遗其身。其身与竹化，无穷出清新。庄周世无有，谁知此凝神。”（苏东坡《书晁补之藏与可画竹》）由此可见，植物能够促使人进入凝神的境界，进而达到物我两忘的意境神识，形成独特的审美体验。这其实就是通过“虚静致幻”来营造一种超然的物象形态。室内的“虚静”气氛的渲染即以有限的物象形态创造出能使人体会到无限灵动的内心世界的美的氛围。水、竹与亭引入室内作为构成“虚静”的元素，它们相互映衬以体现“虚静”之美：水，虚静而明，清波可鉴，与唯道集虚的哲学意识紧紧联系，“竹外一枝轩”水、竹相依相衬，又是一种飘逸洒然的韵致，亭以水为映衬，构成清虚的境界，水与空灵的清风、明月融为一体，月印波心，风拂水面，此中真意，只可意会，难以言传。

室内对道家“虚静”的营造，通过具体事物的形象感受与生命本源直接契合的心灵倾向中，已包含了意境美的基本性质，富有形象外的情韵、神思，这种美正是宁静、悠远、似实而虚的“虚静”意境美。

2.3 “大美”与建筑环境营造

2.3.1 “大美”与建筑营造

《庄子·知北游》：“天地有大美而不言，四时有明法而不议，万物有成理而不说。”[1] 庄子认为，美存在于“天地”——大自然之中，为“天地”所具有。人要了解美，寻求美，就要到“天地”之中去观察，去探寻。而“天地”为什么会有美呢？“天地”之美在于它体现了“道”的自然之大美的根本特性。人类无法征服自然、背叛自然，每次征服与背叛自然，最后都会被自然规律所惩戒。人类可以通过发现、欣赏与品味大自然，感受大自然鬼斧神工之大美给予人类无限的遐想，从而使人类通过大自然的大美，去感受、创作。天地有大美而不言。从某个层面上来说，这大美就是建筑与自然环境、人文环境的和谐，是建筑内部的和谐，是那种人身处其中的说不出的舒适，就是庄子所说的“始乎适，而未尝不适者，忘适之适也”。庄子这一思想的深刻之处在于，抓住了大美的实质，即自然之美，科学理性和人性化的和谐美。这一思想在建筑、园林景观与室内营造中运用得极为广泛。

---

[1] 庄子，庄子·知北游，上海古籍出版社，2005：109.

所谓的建筑大美，指的就是建筑自然美，这其中主要涉及就地选材、师法自然、天人交接等，要强调历史传统与人文智慧相统一，突出创造力与主观能动性。建筑之大美所依据的基础并非建筑技术，而是回归自然，让生活变得更加简单化与和谐化。可以在天地万物那里获得新的灵感，尽量就地选材，在自然当中安居落户。而伴随着人类文明的不断发展，还可以在建筑方法上选择和本地风土人情相契合的自然法则。通过对建筑大美的总结分析，能够明确以下几个基本原则：第一，充分利用自然美学；第二，汲取本地文化习俗和风土人情；第三，科学利用自然结构。当然，在这个过程当中能够看出，以此构造完成的建筑物是不存在定式的，同时也没有明确的倾向性。这种建筑并不排斥美学表现，只是不会将美学体验当成主导因素，不跟风，不逐流，可以实现功能与形式相统一，符合气候条件与能源利用空间，可以贴近自然，注重人体健康保障，从而极大地丰富了建筑实践内容。同时，自然美被应用到建筑领域当中的时候，一般不需要考虑到建筑风格，而只遵从自然法则以及事物内在规律即可。而这种师法于自然的建筑设计，可以让建筑更具有生动性与生态价值，符合人类智慧发展规律。这种建筑能够具备更加诗意的视觉认知，与周边环境相互印证，互动共生，构成独特的风格语言。可以将柔化和复杂、隐喻和个性等衔接起来，形成浪漫的形态设计蓝本，真正做到回归本源，去体悟内心的本质思想，就和自然当中的生命一样，居住其中，心旷神怡，陶冶情操。尤为重要的一点是，这种自然建筑能够昭示出与自然和谐共存的生态观念，引导人们重视自然资源的合理利用，实现可持续发展。而纵观当前普遍存在的社会建筑行为，其中存在多种误区。这种顺应自然的生活与建筑营造方式，在建筑工业化后全盘改观。工业革命，带来生活的便利，却也使人类远离自然、失去简单自然的生活方式。

随着社会的进步与人类意识的提高，相信有机萌芽将会逐渐生长开花，最终结出令人欣喜的果实。这类建筑观念的实践，是和道家的自然思想与生态观念相契合的，同时也是人类必须要思考的一个未来发展方向，极具生命活力。随着人们认识自然水平的不断提高，必将还会有更深远、更丰富的发展。

2.3.2 “大美”与园林景观营造

道家大美的思想在园林景观中的营造即为自然和谐美之思想在园林景观中的运用，同时大自然也是用较少语言来营造丰富景观内容的高手。自然本身就具备了独特的生态属性，碳排放数量很低，最主要的是，自然造物也是一种经过高度整合过的合理设计，不论是结构，还是功能与美感，都可以令人满意。

现代城市扩张正在胁迫园林景观，让园林景观失去大美的内涵：河道被花岗岩和水泥硬化，自然植被完全被“园林观赏植物”替代，大量的广场和硬地铺装、人工的雕塑和喷泉等彻底改变了园林景观的生态绿廊，让人感觉不到“大美”的存在。大美思想营造园林景观需因人、因时、因地而致有不同的选择与做法，亦无绝对的是非标准，然而一旦人不再需要一个园林景观时，其组成的每一份材料、构件，除了回收利用的工业化材料以外，应能很快地将自然还原到原本离开土地时借以存在的组成形式，重新回归自然的循环之中。此外，如使用回收之工业化材料，在回收利用的过程中亦应不耗能，也不污染土地。举例来说，土壤虽是陆地上再普遍不过的物质，却须经过长久的地质时间才得以形成，而其中可耕的沃土更仅分布于特定区域的薄薄地表。以如此珍贵的土壤建构园林景观时应当考虑：其一，如作为园林景观的一部分，当使用周期结束时，其中的土是否仍可轻易地分离出来，再度回到自然之中，或只有进入废弃物掩埋场的命运；其二，重新回归自然的土壤是否干净如初，可供安心种植健康的农作物。成都的活水公园在景观的营造就采用自然和谐循环“大美”之思想：就如同梯田般，一层层地延展到府水之滨，而丛丛绿草则在田间石缝里面发芽露头，翠意盎然，仿佛铺上了一匹精工细制的“井”字地毯。在山坡上面，还有红花绿树和高大繁茂的冷蕨苗，旁边正在转动的老水车，发出咿咿呀呀的声音，几乎能够在一瞬间就让人产生穿越到原始古朴年代的感觉。老水车的一头连着的是府河水，中间流经有厌氧池、流水雕塑、植物塘以及养鱼塘等多个水净化设施，要么是潺潺流动，要么是奔涌昂扬，在丰富多样当中出现质的改变，给人们直观地展示出了水和自然界之间彼此互动的生命过程，从“浊”到“清”，如梦似幻。在园林里面还有一系列的自然风景和动植物等，被完美搭配到一起，包括雕塑喷泉、蟠龙池、生态河堤、水生植物以及观赏鱼类等，可以集成游览与教育于一体，让人们在感受自然、体悟自然当中领略到其中的美好和情趣。

这种道家“大美”之思想在园林景观中的运用，发乎于对清净生命与生活的渴求，企图恢复自力与协力营造的自然和谐，师法与传承大自然赋予人类的宝贵财富，运用创意发挥自然元素与回收元素的特性，结合合理的环保科技与技术，建立物质及能源循环系统并满足现代人对于审美、欣赏与游玩品质的要求，达到人与“大美”思想之境界，实现自然与人和谐共处的最终理想。

2.3.3 “大美”与室内营造

道家的“大美”思想将室内的营造看成一个建筑内部生态系统，将数量巨大的人口整合在建筑之中，借助构造建筑空间里面的一系列物态因素，来实现物质、能源的有机循环转换，形成一个闭环的建筑生态系统，提高室内环境质量，降低能耗数量与污染程度，维系生态平衡。

室内的“大美”思想体现为人和室内生态环境能够无缝地连接到一起。现在有些生态室内设计师所开展的设计大都属于工程设计，具体来说就是物理存在。尽管这些设计师所自夸的都是生态室内设计，然而通过作品情况还是能够发现，其实这些建筑还是人工合成构造，并不具备有机成分，严格来说，这些建筑所基于的并非是“大美”设计理念，而只是其他形式的物理以及化学反应而已。 在营造“大美”室内生态环境的过程当中，应该实现室内和室外大自然之间的有机结合，尤其是可以对室外自然环境实施结构化模拟。然而，这种模拟并不代表着就是要照本全抄地将植被自然物搬到建筑内部。事实上，若只是单纯的垂直绿化设计，则会导致不同绿色之间彼此孤立无援。比如马来西亚首都吉隆坡的米那亚大厦，就是最具代表性的基于“大美”思想生态绿色室内环境设计作品。在建筑内部，是由三层高的植物绿化护堤发端的，然后沿着建筑内部空间外部进行上升。在建筑内部，能够做到室内空间和采光、气候等有机融合。比如电梯与卫生间就都设计成自然采光与通风。同时，室内“大美”思想设计还可以通过生物多样性来进行，也就是在室内环境营造的过程当中，为一些动植物提供栖息之地，使得它们能够在建筑内部自如地生存。比如在出现季节更替的时候，候鸟将会飞离，而在下次飞回来之前，室内设计师就要明确通过何种类型的植物来欢迎它们归来，从而将自然与室内无界限地融合。这才是真正意义上“大美”思想在室内设计中的体现，也是生态绿色和谐室内设计的理念。

道家“大美”室内营造的理念应该是以人为本，这就要求自然生态室内环境设计在模拟大自然的同时，应充分参考借鉴大自然里面的能量、循环结构和其他属性内容，使得模拟具备一定的生命力。最主要的是，这种模拟要以满足人们生存居住的基本要求为前提，充分利用当地的自然资源，并结合科学的经济技术来开展生态室内营造，进而达到与自然共生、生态循环、可持续发展的室内环境。

2.4　本章小结

本章从道家思想与建筑环境营造的审美方面进行解读。道家思想在建筑环境审美方面主要表现为：含蓄美、虚静美和大美。含蓄美方面，建筑的“象”到达“意”的深层含蓄寓意，从建筑的表层深入到意的本质；园林含蓄美以幽深曲折与对景色的组景、借景都使人觉得比正常园林空间加大，给人以含蓄的审美想象空间；道家思想的含蓄美于室内，不是直白的表露，是对室内营造的逐层引入。虚静美方面，通过建筑宁静的空间、静态的水流、自然的树木等对建筑的渲染而成，表现建筑的清、淡、静、雅，超凡脱俗；我国园林营造给人的心灵感觉是宁静、旷邈、幽深的；室内的营造凸显道家“虚静”思想，是以心灵的内在宁静、自由去感受室内，引发人们的遐想神游，体味这种宁静、悠然而玄远的心境。大美方面，建筑大美的基本前提，并非是建筑技术升级，而是要回归自然，追求本真。道家“大美”之思想在园林景观中的运用，发乎于对清净生命与生活的渴求，企图恢复自力与协力营造的自然和谐，师法与传承大自然赋予人类的宝贵财富；“大美”室内营造的理念在人造的环境当中去模仿大自然的生态系统，达到与自然共生、生态循环、可持续发展的室内环境。本章从道家思想对建筑环境审美的营造进行研究分析，我国本土文化审美的营造对当代的建筑环境具有借鉴价值。

道家思想的“含蓄美”、“虚静美”和“大美”的审美观，基本体现着自然生态之审美情趣，也使道家思想对现代建筑环境营造进入大自然之最高审美的境界。

“含蓄美”在建筑审美营造中以“象”、比拟等手法将大自然中的动物、植物提炼进行分解，融入建筑的营造，来表示方位与吉祥之意；园林景观审美营造池岸迂回曲折，水波荡漾，园林景观中植物遮挡着亭台楼阁，缓缓露出，花草树木相互映衬……犹如所有植物、水、池、亭台楼阁都是园林中自然“生长”出来一样，同样园林中的借景也是将自然之色映入眼帘；室内审美营造将室内层层展开，空间与陈设有阻有隔顺应大自然的规律，与自然界相得益彰。现代建筑以新中国成立后对建筑符号（如中国建筑的大屋顶不加分析地模仿与复制）表面直白的表达转为对建筑本质地域文化的传承含蓄表达建筑的文化内涵。现代景观营造由假山堆砌、水池以石迂回曲折提炼成现代简洁元素，以简洁的方石交错营造含蓄表达自然之意与对传统园林的文化的嬗变。室内审美含蓄有致，室内陈设的摆放依据风水，风水营造是室内含蓄地顺应自然的营造，将室外代表大自然中的元素，含蓄地表达引入室内，让人在室内亦能体会到大自然的存在。含蓄的建筑环境审美营造给人的心理感受是多样的，包含着联想、悬念、感触、文化素养、欣赏格调等。直白表达单纯明确，给人简洁明快的气息，但过于直率简单又让人感到乏味，远离大自然（因为自然中的事物以曲为主）与缺少人情味。自然是艺术审美永恒的主题，从自然中提取灵感，将自然含蓄地表达在建筑环境的营造中，将建筑、景观与室内形成协调、关联不可分的统一体，犹如赋予了生命的价值。在这样充满含蓄的建筑环境中，人们体味自然感受到一种有自我意识的生命和活力，这种自我活动在绝妙和谐氛围中，唤起人们的生命感，在这含蓄美的氛围里，人和建筑环境不会对立，人们感到满足与幸福。含蓄美的现代建筑环境的审美常以曲面和曲线联系，追求自然的优美律动感，形成丰富多变又贴近自然的含蓄审美观。曲面没有直面直白，但比直面限定性更强。含蓄的审美表达洋溢着与整个大自然息息相通的生命气息，蕴含着生命的动力，传达文化情感与暖意。人对大自然有亲切之情，建筑环境营造审美通过大自然的模拟，使人对其产生亲和之感。大自然的审美表达是含蓄的，建筑环境营造含蓄的审美通过对大自然植物、动物的比拟，模仿与顺应大自然的气候、地形、环境，含蓄表达出大自然之美。

“虚静美”以道家的自然观以光、影、水、树等自然元素对建筑的营造体现灵动与纯净；园林景观描绘大自然的虚静美，以大自然中的山水或是花鸟的营造给人心灵的宁静，宁静中无形的生气浑然流动，这种宁静的生命又是玄远的，自然景物的存在，不仅仅是自然本身，更显示着幽深的自然美；室内对道家“虚静”的营造——一景一桌一椅的室内虚静美的营造体现了大自然赋予的情韵、神思，宁静而悠远。日本著名建筑设计师隈研吾所设计的水面建筑就是将建筑、景观与室内进行统一，整体营造出大自然的“虚静美”。

限研吾先生营造出一个水面建筑停留在水上，枕水而眠，眺望波光粼粼的水面，阳光透过玻璃洒入室内，微风轻抚着水面，大自然的虚静美通过建筑、景观与室内的营造表达得淋漓尽致。只有人停留在水上将无法生活，要有个东西来承载人体，这个解决的方法就是建筑以玻璃的营造与水结合。将建筑以玻璃的形式出现，周围没有墙体的阻隔，水保持着开阔，水与玻璃的审美表现虚静美的轻松与静远。这里虚静美的表达，建筑、景观与室内的营造让人更接近自然，与水面离得更近，在建筑环境的营造中水边缘不停地溢满，使人感觉建筑环境的水面与大海融为一体。室内也流着大量的水，玻璃的通透、没有界限的营造使得室内、建筑与景观以水与玻璃融为一体，幽静从容。室内客厅的地面用玻璃制成，在室内的地上可以同样感受到水的存在，建筑如同漂浮在水面上，给人以虚静缥渺之情。这个建筑环境的营造尽可能将人工的营造弱化，减少建筑、室内与景观的存在感，人为的建筑环境的减少，让人们的意识集中于大自然元素——水，地板下的水、建筑外的水，水不停地流动，静静地流淌，阳光照在水上随着水的变化而变化，波光粼粼，体现着大自然的虚静美。在建筑环境的营造中，人们以“虚静”的审美去感受，以情感物，引起人们由自然所引起的深层感知，建筑环境的营造摆脱建筑环境的人为的简单欣赏，虚静美是将人们最初对自然的感触和体验与建筑、室内、景观的联想和反思相统一，形成建筑环境虚静美的审美过程。“虚静美”审美对建筑、室内与园林景观的营造让人在建筑环境中静心凝思，沉心思考，赋予建筑环境以深层的生命力。

“天地有大美而不言”的“大美”不是道家传统的思想中对事物的消极应对、不做任何的应对，而是以“大美”的思想对建筑环境的营造保持自然生态的观点。建筑大美的营造取法自然、就地取材、与土地为善、回归自然简单的生活，建立当地地域最为适宜的符合自然生态的“大美”建筑。道家建筑“大美”的营造思想是人类与自然生态环境和谐发展的解读，是生生不息、持续发展的审美观。“大美”思想不再是传统的道家思想中对园林景观“无为”的审美，而是掌握大自然的审美规律以对大自然与生态的渴望为审美出发点，以自然的和谐“大美”的审美方式营造园林景观，传承大自然赋予的宝贵财富，以自然和谐的循环之“大美”满足人们对现代园林景观营造的欣赏与游玩品质的要求，现代园林景观达到“大美”思想之境界，使大自然的审美自然流入到园林景观营造中。“大美”在室内营造中以对大自然的模仿为审美出发点，引入大自然循环结构，模拟有生命力的室内审美的营造。将当地的自然资源以大自然“大美”审美引入到室内的营造中，将室内的营造与自然共生，达到符合自然审美的可持续发展的室内环境。

“含蓄美”、“虚静美”和“大美”的审美观，从审美的不同方面影响着建筑、室内与园林景观的营造，但总体来说基本体现着自然生态的审美情趣，亦符合道家“道法自然”的思想，道家“道法自然”的思想对我国的建筑、景观园林与室内的审美营造有着非常重要的指导意义。

第3章　建筑环境空间营造的道家解读

3.1　崇“无”与建筑环境空间营造

3.1.1　崇“无”与建筑空间营造

在漫长的历史中，人类的空间想象力曾创造出复杂多样的空间理念，这在人类创造出丰富多彩的建筑作品中都得到了体现。想象决定空间的形态也反映出人的存在观念，而想象本身也随着时代变化而发展。人们感受事物与自然界，是由人类自身的触、嗅、看、摸后而在脑中对其加工并在内心的展现，因此对事物与自然的感受是随着人们内心感触的不同而不断地变化，同样不同的事物与自然也会给人以不同的遐想与想象的空间。

道家思想认为建筑通过围合和边界来定义，不仅围合了空间也围合了“气”。道家思想中“气”的概念玄妙莫测。一气积而生两仪，一生三而五行具，土得之于气，水得之于气，人得之于气，气感而应，万物莫不得于“气”。由于季节变化，太阳出没的变化，使生气与方位发生变化。《管子·枢言》云：“有气则生，无气则死，生则以其气。”“气”是一种客观存在的可感知而又难以捉摸的物质。它并不依赖于人对它的意识而存在。亚里士多德曾解释：物质的本质是由包罗万象的气所构成，而不是固态物质。由此看出，“气”被理解为一种自身和谐又能创造奇迹的力量。“气”是由建筑的虚无空间衍生而来，而虚无的空间正是“无”的具体表述。“气”本身并不是虚无的，它不仅占据了一定的实际建筑空间，也是独立存在的物质。“气”既不是现象也不是本体，而是介于两者之间的一种物质。宋朝张载在其书中谈道：“虚空者气之量，气弥论无涯而希微不形，则人见空虚而不见气。凡虚空皆气也，聚则显，显则人谓之有；散则隐，隐则人谓之无……若其实，则理在气中，气无非理；气在空中，空无非气，通一而无二者也。”[1]“气”是实际存在的“无形”，它弥漫于整个建筑空间之中，将建筑空间及其围合联系成了一个整体。这样的崇“无”空间才是对建筑空间最好的诠释。

老子曾在他的著作中讲述器皿和居室对空间的利用，并且直接提到了建筑空间：“三十辐，共一毂，当其无，有车之用也。埏埴以为器，当其无，有器之用也。凿户牖以为室，当其无，有室之用也。故有之以为利，无之以为用。”[2]

[1] 张子正蒙注，张载著，台北广文，1970：16.

[2] 老子，老子，第十一章，1990.

意思是：三十根辐条凑到一个车毂上，正因为中间是空的，所以才有车的作用。糅合黏土做成器具，正因为中间是空的，所以才有器具的作用。凿了门窗盖成一个房子，正因为中间是空的，才有房子的作用。因此“有”带给人们便利，“无”才是最大的作用。在这三个比喻中，都各自证明了它们适用的部分不是实体而是由实体围合出来的空间。老子经典的言语是对建筑“无”思想最好的解释。任何实体的存在都依赖于它的使用价值而不是本身，所以“无”的价值凸显得更为的明确。

3.1.2 崇“无”与中国园林空间的营造

中国园林空间崇“无”讲求空灵生动，用虚无之手法给观赏者以最大的想象空间。中国园林空间中的虚无之手法如中国绘画中的留白，留白虽“无物”，却是画家精心经营之处，表现力极强。中国园林空间中“无”的部分是隐的空间，虚的空间，它与园林的其他空间形成不可分割的有机整体。中国园林空间中“无”的内容如大画家齐白石的画：生动的鱼、虾在纸上活灵活现，周围却都是空白。欣赏者通过鱼虾的游动之态，展开丰富的联想而感受到鱼虾在水里畅游之乐。南宋画家马远，擅画一角山岩、半截树枝，喜作边角小景（图 3-1、图 3-2），世称“马一角”。“马一角”的画给观赏者在他的“一角”画中更多的遐想领悟空间。中国园林空间中以“无”营造空间，以有限展现无限，以少胜多，一白当黑，丰富了中国园林空间的层次，使得“无”空间更有意义。中国园林无处不流露出“无”的足迹：光影、莺啼、水声、花香……无不显示出虚无营造的美妙。蔚蓝色的天空，明丽的日光，临水敞轩，西有挺秀的枫树，东有遮日榉树，荡漾的绿波，增加了层次，丰富了园景，从而拓展了空间，光影给人以美的享受；虫鸟天籁之音响彻云霄，流水余音袅袅娓娓动听，细雨绵绵敲残荷……这种背景音乐下赏园林之景令人如入仙境，尽得意境；风吹过，香气远播，清芬宜人，伸出手尝试着触摸，却只能感受到沁人心脾的花香，呼吸花香的气息，幽远的花香在园林中环绕，使人流连忘返。光影、莺啼、水声、花香从视觉、听觉和嗅觉给游览者多方位的感受，给人以无限的遐想空间，充分体现了“无”之美妙。

图 3-1　春啼图
（来源：马远，www.baidu.com）

图 3-2　山径春行图
（来源：马远，www.baidu.com）

中国园林中“无”空间的营造以水体的造影使得蓝天映入水中，使观赏者视线延长；以亭、廊、桥和植物与曲折的水岸相互掩映，给人以“虚无”意境的想象，从视觉上扩大了理水空间。计成在《园冶》中说，“疏水若为无尽，断处通桥”，岸堤的曲折和廊、桥、汀步的引入使得理水空间层次更为丰富，并增加理水之情趣。园林理水中凡视觉无尽之景，都是一种“化有为无”，如小池以湖石驳岸，犬牙互差，打破了岸堤的实现完整；曲廊修阁架水，不见源头边岸；岩涧洞壑之莫穷等，皆“化有为无”。中国园林中的“一池三山”布局与道家思想“无”也有着深厚的渊源。“一池三山”中的“一池”可谓中国园林空间中的“无”的表现。《三才图绘》曰：“三壶，则海中三山也。一曰方壶，则方丈也；二曰蓬壶，则蓬莱也；三曰瀛壶，则瀛洲也。”“一池三山”的理水布局模式可追溯到秦朝。秦始皇迷信神仙方术，把许多方士派到东海寻求长生不老之药，由于毫无结果，于是退而求其次，在园林里面挖池筑岛，模拟海上仙山的景象，这就是“兰池宫”的由来。据《秦记》记载：“秦始皇都长安，引渭水为池，筑为蓬、瀛，刻石为鲸，长二百丈。”由此可证实兰池宫引渭水筑三岛，分别以蓬莱、瀛洲、方丈命名，以此模拟东海神仙居的三座岛屿。兰池宫引渭水为池子并筑三岛之举，成为历史记载的第一个筑山理水并举的实例，成为园林理水一池三山的雏形。这种“一池三山”的造园模式对后世影响很大，并成为历代皇家园林理水的主要内容，如北京的颐和园、杭州西湖等水景仍可见其踪迹。圆明园的理水虽然也取了“一池三山”之意，但是三山的布局同一般的布局略有不同。它主要以集中的布局为主，三山集中分布，以短堤相连接，将水面分成疏密有致的布局，大水面开阔，小水面幽静，产生了丰富的“无”空间环境。建筑物因势而建，错落有致，掩映于池水之间，与大自然相融，犹如从大自然生长出来一样，以“无”空间体现出了自然之韵。中国园林空间“无”的表达必须根据地形、地势等因素综合考虑营造，也就是营造之前，要对整个园林有整体的构思。因地制宜，如拙政园之山在水中，构成岛屿；绮园之山环水抱，冈阜延绵；留园之环池叠山，水在山中。文震亨的《长物志》中“水令人远”的意思就是园林要有静谧的氛围，游人要有宁静的心情。中国园林空间体现“无”要给人“远”的感受，造园者对空间的营造理法，要给人“视觉莫穷”，或“视觉无尽”之感。中国园林“无”空间的体现主要以理水为主，以聚为主，汇为巨埌，为湖为沼，浮空泛影；以散为辅，枝径脉散，为溪为涧，曲折幽深。由此可见，中国园林的理水思想，不管园林是大还是小，水面都要有聚有散，形状力求曲折自然，临水亭榭参差，山石林木掩映，在迂回掩映之间不使人一望而尽，形成一种清旷深远的“无”的意境。

中国园林中的诗情亦体现了“无”的营造，通过语言的传递和情感的传输给人以遐想的空间，就是借助于古典的诗词歌赋表达的。对中国园林的元素进行点缀、渲染、描绘，使物赋予情，情景交融，寄托情感。文人墨客对园林产生共鸣，我国历史上产生了不少经典诗篇，对造园理水产生了很大的影响作用。中国园林理水的“诗情”，一般通过对滨水建筑的匾额、楹联的诗文题刻，表现艺术境界。诗的意境之美来源于园林，给人以遐想，意境的表现又高于园林理水本身。游人在游园时，不仅仅体会园林理水的视觉、触觉、嗅觉、听觉之美；园中诗词的表达，还能激发游人的想象，把游人带到另一个空间，产生“境外之境”、“弦外之音”。王维的《青溪》：“言入黄花川，每逐青溪水。随山将万转，趣途无百里。声喧乱石中，色静深松里。漾漾泛菱荇，澄澄映葭苇。”描写王维每次进入黄花川，都要沿着青溪溪水而行。水随着山势千回万转，但走过的路不过千里，流过乱石时水声喧腾。水波荡漾，浮着菱角和荇菜，清澈的溪水侧映着芦苇。王维的心一向闲静，就像这淡泊的溪水。山水之美由王维写得淋漓尽致，水的柔性随山势千回百转，水拍打在石头上的声音让人回想，溪水与芦苇交相辉映之美景让人遐想万千。这些水、石、植物的相互交融、映衬的自然美景在中国园林理水中运用甚为广泛。诗词要传神，仅限于形似不够，诗要有韵律，仅有可言之境也不够。诗的意境美，比之辞藻美、声律美都更深沉内向，是更高境界“无”之描绘。中国传统园林的诗情，通过文学艺术的章法，使园林布局结构带有颇多文学气息，既把诗人的情感表露出来，又把场景在园林中的意境浮现出来。如钱泳所说：“造园如作诗文，必使曲折有法，前后呼应；最忌堆砌，最忌错杂，方称佳构。”中国园林并非简单的设计，也不是让人一眼望穿的景象，而是加以滨水建筑和迂回曲折的廊桥和优美的诗词，给中国园林提供了“无”限的趣味。园林的空间变化有序、起承转合，内容丰富多彩，犹如中国的诗歌添加了韵律感；中国诗词在园林中的出现使园林空间情趣得以升华并赋予其生命。

3.1.3 崇“无”与室内空间营造

道家思想的“无”空间的营造与室内设计的关系亦甚为密切。室内空间中对“无”的营造在现代设计中可称为是简化的风格，并且这种简化的风格在当代设计中尤为推崇。著名的国际建筑师密斯·凡·德罗的“少就是多”的观点与道家思想中的“无”不谋而合。“少就是多”，能够从我国五千多年的传统哲学以及美学中理解这句话的意思，国画大师意境最深的东西一般都是在空白之中，而不是涂上颜色的画幅。当密斯讲出“少就是多”这句话的时候，有的只是德国人的严肃以及客观，而没有东方人的安静与自在。当然，少意味着精简而不是空白，多代表着完美而不是复杂。密斯·凡·德罗设计巴塞罗那的德国馆用极少的设计语言将室内空间分割，使空间流动，隔而不断，相互贯通，给人以深刻的印象。

室内空间的营造“无”的理念也常常用于家具陈设空间等的经营之中。室内环境中墙面的景窗，影壁或屏风中的“孔洞”等都是“无”的表达，它们起到了增加室内空间的流动、扩大空间、使室内外空间相互渗透、将有限的空间拓展为无限的遐想空间的效果。在室内空间的营造中，“此处无物胜有物”给人以遐想联想的空间，“无”的道家思想在小空间的设计中凸显得更为重要。小的空间应以白墙为主，可少用或不用有色的涂料和装饰线，留有充分的空间给人喘息与放松；小空间如需要有隔断应选隔而未断的具有通透性的书架、博古架等为宜，使得空间既隔开又相互流通且不显得拥堵；小空间如需挂画时，应选小尺度的画幅为宜，起到“画龙点睛”的作用，给人以冥想的空间；小空间的家具的占地面积不超过房间面积的35%为宜，家具应少而精，不显拥堵之感，给人以喘息愉悦之情；小空间的地面与天花板应不做太多的装饰，“无”之理念是最好的营造，给人以清爽之感。室内空间的营造“无”的理念应注意：首先，“无”之营造不是孤立的存在，应与室内中的家具、色调、空间、陈设等相互联系，相互影响。“无”之营造应在室内设计时暗示性地引申和外延，而不是无源头的“无”，“无”要有价值，“无”要有内涵，要体现出“此处无声胜有声”之奥妙，“无”不是浪费，是一种韵味的体现。“无”在室内营造中既给人放松遐想的空间，又可为以后家具陈设替换留有空间。白色涂料的墙面，给人以平静清爽的视觉享受，明亮、简洁的白色，使室内的画幅、家具、陈设等衬托的主题更为鲜明，如白纸上的画尤为突出，给人以更为广阔的想象、放松、平静的空间。其次，“无”之营造与其他室内的陈设、家具、画幅等元素能够更好地融合，且好搭配。白色的墙与室内的家具风格、画幅、陈设风格等可任意搭配，不受过多的限制与制约。白色的墙与绿色搭配，给人以生机勃勃之感；白色的墙与红色搭配，给人以热烈喜庆之感；白色的墙与蓝色搭配，给人以宁静安详之感。去除烦琐复杂的空间，简洁的“无”空间质朴的营造更能让人体会到放松、愉悦、温馨之情。

从某种意义上讲，室内环境“无”的营造是空间的流通，是色彩的简洁，是家具的简化，是陈设的简约……室内环境“无”的营造给人以最大的想象空间，给人以放松的时间，给人以温馨之情的慰藉……室内环境“无”的营造使空间变得更为纯净。

3.2 “欲露先藏，含蓄有致”与建筑环境空间营造

3.2.1 “欲露先藏，含蓄有致”与建筑空间营造

道家思想的“欲露先藏，含蓄有致”与建筑的营造密切相关。中国人不喜直白表露，中国建筑的空间营造亦体现出“欲露先藏，含蓄有致”的营造思想，这一思想更能丰富空间，引人入胜。中国建筑的营造隐于假山后或植物之间，只给人一角的暗示，一角之后空间无限，丰富了空间景观层次给人以遐想空间。建筑在营造之时，隐藏于自然环境之中，受到环境的包容和制约，且成为环境不可分割的一部分，如同建筑真正生长在环境之中一样，而不是建筑孤立而突兀在环境里，建筑之意在于山水之间，建筑之术也是环境之术，建筑为山水环境增色，山水环境为建筑添彩，亦是“欲露先藏”思想的表达。在道家思想中，如建筑运用过于直白或过于突兀的营造，而不是“欲露先藏，含蓄有致”地隐于自然之中，此建筑为“峣峣者易折，皎皎者易污”之物，

意思就是过于高的物体容易折断，过于白的物品容易污染之意，此类建筑在道家思想中属于“不吉”之建筑。我国紫禁城的建筑空间在体现“欲露先藏，含蓄有致”这一思想时运用得淋漓尽致。紫禁城错落有致、韵律天成的空间布局：紫禁城三大殿以南正前方有五座门：皇城大清门为第一门，从此开始向北，经皇城的正门天安门，再北穿过端门和紫禁城的正门午门到太和门。这是五个连续的空间广场，全长约1700米，为紫禁城宫殿前区的前引部分。利用各种不同形制的门，区划出不同的格局，形成高低错落的变化，构成大小、横竖、宽窄不等而有收有放的空间，并采取“欲露先藏”的表达方式，从而组成既有规律又富于变化的建筑系列，由宫前区大清门开始，逐步深入到紫禁城内，使其具有空间丰富的艺术感染力。

中国建筑中“影壁”的营造对建筑空间也起到“欲露先藏，含蓄有致”的作用。影壁，也可以叫做照壁，古时候称为萧蔷，是我国建筑空间用来遮蔽视线的墙壁。影壁不仅能位于大门外当作外影壁，而且可以位于大门内当作内影壁。形状多种多样，比如八字形或一字形等，基本都是由砖砌成，主要包括顶、座以及身，座也有很多种，比如须弥座。北京四合院大门内外划分空间的核心壁面就是影壁，通常都是对建筑空间起到不让人窥视全部、遮蔽视线的作用。影壁在四合院中常规可分为三类，其一为一字影壁，影壁的形态以一字展现，一般设置在大门入口以内的空间里。入口大门内侧的空间里一字影壁有的将隔墙或厢房山墙分开设置，这种影壁为独立式的；小墙帽砌在山墙上，同时打造出影壁形状，让影壁融入山墙中，那么就叫做山影壁。其次是处在大门外的影壁，和宅门相对，处在胡同对面，通常有两种形状，平面呈梯形和一字形，分别叫做雁翅和一字影壁。最后一种影壁呈八字形，和大门槽口呈135°或120°夹角，处在大门东西两旁，一般都叫做撇山或反八字影壁。在堆砌反八字影壁的过程中，一般要留有一定的空间给大门留有余地，这个空间一般为2～4米的距离，成为出入大门的缓冲空间。牡丹院位于京西古刹戒台寺内，它的影壁就是用大量太湖石堆成，形成既有作用又美观的影壁。清朝，恭亲王在这居住过很长一段时间，同时对其进行了重新建造。这个影壁长度和高度分别是6米和3米，太湖石有大有小，而且有大量孔洞，看起来很像一座假山，所以又叫做假山影壁。影壁前是一座花坛，融入影壁之中，长约5米，同样是用大量太湖石堆砌而成。对建筑内部空间来讲，这种花坛式影壁一方面发挥出了欲露先藏的作用，另一方面又非常特别，是江南园林艺术与北京传统四合院巧妙结合的产物。

3.2.2 “欲露先藏，含蓄有致”与中国园林空间营造

明代唐志契的诗句：“丘壑藏露更能藏处多于露处，而趣味无尽盖一层之上，更有一层，层层之中，复藏一层。善藏者未始不露，善露者未始不藏。藏得妙时，便使观者不知山前山后，山左山右，有多少地步。若主露而不藏，便浅而薄。景愈藏，景界愈大景愈露，景界愈小”，道出了“欲露先藏，含蓄有致”

的空间奥妙，中国园林因为藏空间丰富，变化多端，意味深远。

中国园林的营造“欲露先藏，含蓄有致”，必须根据地形、地势等因素综合考虑营造，也就是营造园林之前，要对整个园林有整体的构思。因地制宜，如拙政园之山在水中，构成岛屿；绮园之山环水抱，冈阜延绵；留园之环池叠山，水在山中。文震亨的《长物志》中“水令人远”的意思就是，园林要有欲露先藏，静谧的氛围，使游人有宁静的心情。园林“欲露先藏，含蓄有致”的营造，给人“远”的感受，造园者对园林的营造理法，要给人“视觉莫穷”或“视觉无尽”之感。中国园林的理水，以聚为主，汇为巨埸，为湖为沼，浮空泛影；以散为辅，枝径脉散，为溪为涧，曲折幽深。由此可见，中国园林的理水思想，不管园林大还是小，水面都要有聚有散，形状力求曲折自然，临水亭榭参差，山石林木掩映，在迂回掩映之间不使人一望而尽，形成一种清旷深远的意境。

中国园林营造空间“欲露先藏，含蓄有致”之法归纳大概有掩、隔、破三种理法：掩，用假山、构筑物和树石加以掩映。这就是计成所说的：“杂书参天，楼阁碍云霞而出没；繁花覆地，亭台突池沼而参差。”如苏州拙政园的小沧浪水院，“清华阁”挑空横架水上，前为跨水是浮廊“小飞虹”，构成一座清幽静邃的水院；拙政园西部“补园”，入门后，沿东面的园墙，一带水廊，平面曲折，且高下起伏，挑空架于水上，既使狭长的池水不见边岸起到扩展水面的效果，又将一堵长墙，化实为虚，化景物为情思，使狭长的小园不觉其小，而有山林的幽邃之趣。狮子林的“修竹阁”，前临小池，阁下叠石若水口，水如从阁下出，水有来路，死水而活，且莫知源头何处。总之，不论是厅、阁、亭、榭等，前皆架空，挑出水上，不见边岸，被假山、构筑物和树石遮掩，以打破空间视线的局限性。隔，《园冶·立基》：“疏水若为无尽，断处通桥。”《园冶·相地》亦曰：“引蔓通津，缘飞梁而可度。”都是“隔”的理法。“隔”的方法很多，或筑堤横断水面，或跨水浮廊可渡，或汀水点以步石，都是“含蓄有致”的隔之理法。“断处通桥”的“断处”，是指水面有大有小、有宽有窄，在相接处用桥将水面空间隔断。拙政园的池水设计，是典型的例子，劝耕亭小岛与东岸、小岛与香雪云蔚亭大岛之间的石板小桥，荷风四面亭小洲南、西两面与池岸间的石板曲桥，既为游览所必须，而且又“欲露先藏，含蓄有致”，尽显往复无尽的空间流动之妙。在空间上虽然有隔断之意，各自相对独立成境；但又隔而不断，相互融于景境之中。留园由西北角廊下，引出通向园池的小溪上架有三处石板桥，这是较典型的“引蔓通津，缘飞梁而可度。”苏州壶园，本是座小小的庭园，在池岸曲折的水面上，两处构筑了石板小桥，使得一望而尽的池水尽头，增加了空间层次和景深之感，隔出境界，不大的小院，给人以幽邃之感，其中就有“断处通桥”可扩大景深作用。这样的例子还有：“补园”之“笠亭”小岛、狮子林中“观瀑”亭、南翔绮园之“梅亭”和“小松冈”等。破，若园林中的池不大、水面甚小时，打破园林池岸的规整和视线格局就显得尤为重要了，亦表达了“欲露先藏，含蓄有致”

之思想。故凡曲溪绝涧，清泉小池，以乱石为岸，犬牙交错，植以细竹野藤，饲以朱鱼翠藻，虽一洼之水，而有悄伧幽邃的山野风致。苏州狮子林“修竹阁”的小池就是较为典型的例子。而苏州残粒园，是苏州园林中之最小者，园林的面积约为120平方米，池的水面不规则，最大直径约5米，是园中唯一的景物，除此小池以外，只东北角用湖石堆叠的山洞上有半座附隔院楼厅山墙的亭子，这半个歇山顶的半亭名“括苍”。为了使小池不觉其小并使空间丰富，造园师匠心独运，将围池边驳岸的湖石堆立在挑出水面的石板上，使人不见池水的边界，令人产生一种潭深莫测的神秘之感。

3.2.3 “欲露先藏，含蓄有致”与室内空间营造

室内空间的营造在空间的表达上以“欲露先藏，含蓄有致”的道家思想表达也是比较常见的。道家思想认为，室内空间的表达也应采用“欲露先藏，含蓄有致”的表达方式，给人以回味想象之空间，使得室内空间更富有深远的韵味。

室内空间的营造在空间的表达上以“欲露先藏，含蓄有致”的表达方式比较多，大致归纳为三种：一、以实物作为空间的划分，使室内主体空间藏于实物空间之后。室内空间的实物如：室内的陈设、家具、室内的绿植和水体等。屏风和多宝阁等室内空间的分隔，就属于此类：屏风或多宝阁在室内空间进行划分时，室内空间经其划分后并不让人一望无垠，使室内空间层次更为的丰富。并且屏风或多宝阁在丰富空间时，并不使得空间压抑或过于厚重，给人以“欲露先藏，含蓄有致”的同时使得空间的划分更灵活多变。室内的绿植在划分室内空间时也能起到“欲露先藏，含蓄有致”的效果。如现在比较流行的生态园餐厅，以绿植在入口处或大厅中运用，走过高大的树木和美丽的花丛之后，迎面而来的才是就餐空间，这样的“欲露先藏，含蓄有致”的室内空间更多了些情趣与大自然的韵律。利用水体对室内空间的划分来体现“欲露先藏，含蓄有致”空间的有运用人造的瀑布和脚下潺潺流动的小溪，引人入胜，将人们引入另一番“仙境”。二、以对室内的光与影的运用表达，使得室内空间的主题更为突出。室内人工灯光与自然光的运用亦能把室内空间“欲露先藏，含蓄有致”的效果表达得淋漓尽致。如在入口处或玄关处的人工灯光运用幽暗的灯光，在大厅或主体空间内用五彩或明亮的灯光，这样的灯光空间表达使得室内空间层次明显，主体突出。室内自然光的引入，将人们的注意力先是集中在自然光上，然后到主体空间时，自然光突然消失，将室内空间赋予了情感与戏剧化的内容。三、以对室内空间的灵活多变的运用，表达室内主体空间的重要地位。室内空间的灵活多变，如将入口或玄关处的空间压低，再将大厅或主体空间变得广阔、高大，使得室内空间“欲露先藏，含蓄有致”，有欲扬先抑之作用，并且对室内空间赋予了高低起伏之音乐的节奏。室内空间“曲径通幽”的前奏室内空间到“豁然开朗”之主体空间的表达亦将“欲露先藏，

含蓄有致”空间赋予悠扬婉转之情趣。茶室或较为幽静的餐饮空间用此方法划分空间较为多见，在室内曲折的小径引人入胜与周围的幽静环境相协调，给人以“采菊东篱下，悠然见南山”之情怀。

室内空间的“欲露先藏，含蓄有致”的空间表达与道家的“归隐”之思想有异曲同工之妙。“欲露先藏,含蓄有致”的空间表达在室内空间的营造中，由于“藏”的空间铺垫，使得主体空间更突出、丰富、多样，而且给人们的印象更为深刻，回味无穷。

3.3 “虚实相生”与环境空间营造

3.3.1 “虚实相生”与建筑空间营造

郭沫若在《雾中游含鄱中偶成其二》中写道：无中实有有，有有却还无。可看出虚实相生有机结合、相辅相成、相互依存、虚实相生在中国建筑空间中给人以愉悦与无限的想象。中国人崇拜太阳，就不得不并论对月亮的有关见解，在中国的哲学道家思想中有独一无二的观点：日月并非完全对立存在，而是一种两极互补的关系，它们之间是相互依存却又在昼夜变换中永不停息地进行着地位更替。对“东—西”的认识提供了一种对时间与空间的线性解释，并提炼为“阴阳两极”的概念，虚实空间相生在中国建筑空间中也成为永恒的主题。

道家思想的“虚实相生”观在建筑空间组成的围合方式表达上尤为突出。在中国的建筑中，屋顶、墙面、门窗、洞口和立柱都是划分空间的组成元素。虚、实不是孤立存在的，通过围合才能传达“虚”空间，由围合虚空间的建筑元素才能体现建筑的“实”。虚实空间的相互依赖不是描绘空间使其分离。建筑因此被人们从有形的围合转化为一种永恒的媒介，即所谓无始无终的建筑之“气”。“气”不仅是永恒而超越实体，也是一种体内神圣力量的蕴藉。形体的特性是可见的，然而像其他的由精神所控制的推理、逻辑等却不在形体的表达范围之内。人对实际可见的形象总是比抽象的空间概念更容易接受，而正是“气”这一概念将精神世界转化为了易于人们理解的有机形式。空间中边缘围合实体的实与营造出虚的空间，建筑为实体而建筑前、中、后的院落为虚体，园林中亭、台、楼、阁为实体而水、植物等则为虚体等，这些虚与实的协调组合在建筑与其构建的空间中交错营造。构筑建筑的实体虽然能围合与打造并且能够对空间起到一定的界定，但却不能完全把空间限制住，空间是灵活多变的，虚实结合的不同，所打造的空间也不尽相同，空间的虚给人以遐想的余地。中国建筑中围合没有固定的界限，道家思想的虚实相互渗透在建筑空间中体现得淋漓尽致。建筑中回廊围合的实与窗户和柱子连通的虚交相辉映，这样表达自然的营造与流露，巧妙地将实与虚相结合。建筑的边缘实体将建筑的回廊空间围合界定，而且回廊空间不受建筑内空间的改变而改变，建筑的回廊空间既实又虚，通过柱廊所营造的空间与外部环境进行交流、沟通与渗透。空间的虚与实，空间的内与外和空间的远与近得到了和谐统一，将空间描述得更为灵活生动。

道家思想的“虚实相生”实体与虚体相互依托、相互作用。这种空间的二元性和它们在中国建筑空间的表达上表现得尤为明显。中国建筑空间不仅仅是在一个围合的空间中欣赏外界景色，而是通过实体的围合来实现步移景异的空间交流的效果。参观者在参观建筑的行动中体验空间，虚实空间的体现通过动态而得到了诠释,然而在动态的同时也不失静的本质。建筑的门、窗、廊和柱等围合出虚空间，它们也是人们在行动中体验虚空间的必要途径，虽然它们打断了实空间的连续性，但同时也连接了不同的空间，虚实空间的结合，丰富了建筑空间的内容。

3.3.2 “虚实相生”与中国园林空间营造

道家思想的“虚实相生”在中国园林中运用得亦极为广泛与普遍。虚实结合在我国美学内容中占据相当重要的位置，在我国园林景观的空间营造中其地位显得更为突出与重要。虚与实是一对既抽象又概括的范畴，虚与实相互依存，对立存在，由于相辅相成而协调一致。“实景”是中国园林现实中存在的山石、桥廊、植物等，“虚景”是“实景”之外，没有具体的形状，如园林理水中的空间、光影、声音、香味等。实景是有限的而虚景则是无限的。“一峰则太华千寻，一勺则江河万里”，就是虚实相互作用给观赏者的感受。就拿一个中国园林中的水与石作的岸堤来说，石为实的，而石所围合的水空间则为虚的，中国园林的存在就是一种虚实的结合。正如老子所说：“埏埴以为器，当其无，有器之用。故有之以为利，无之以为用。”中国传统园林，与道家阴阳图的虚和实是辩证统一的（图 3–3）。

造园艺术空间中所提到的虚，也就是虚空的意思，很多时候也指数量上非常少。其实是指实景，也就是真实存在的景物，很多时候也指景物非常多。实和虚的关系不可以和哲学本体上有与无的关系相提并论。在美学界，实与虚还包括人类的情感因素：虚代表着一种空泛、自由的情感寄托；实景代表实际、约束的情感思想。所以，在道家思想中虚实具有相互转化与相生相融的辩证关系，这也是从哲学的角度对虚实观察，虚和实在园林艺术中彼此渗透，园林理水景点的美丽以及空间的不断变化都展现出人类的情感偏向。在造园艺术中涉及虚实关系的地方很多，沈复在《浮生六记》中曾经论及造园艺术，并说：小中能看到大，大中也能反映出小。虚和实相互渗透，有时浅，有时深，而且不断变化。从这段话中来看，虚实与造园的疏密、藏露、浅深是相互联系的。比如理水造景安排得比较稀疏就变

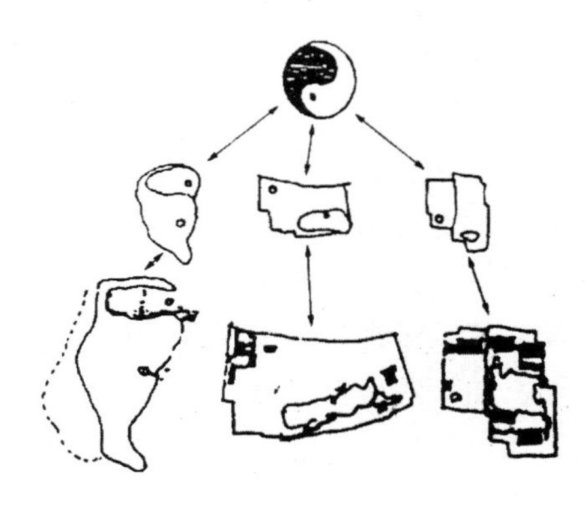

图 3–3　中国明园与道家太极图构成
（来源：潘谷西《中国建筑史》）

得很空，而安排得比较紧密就让人感到很充实。同样，藏与露也是如此。虚的一种展现就是藏的深而且让人感到不真实，而可以看到的实景就让人感到非常真实。有关深和浅之间的关系，很多人认为，空间层次几乎不变化的空间一般让人感到无聊，而丰富和不断变化的空间往往让人感到新奇。这样讲并不是对虚实进行褒贬，我们必须知道它们的关系是相辅相成的，是彼此依赖存在的，因此从这方面来讲，实衍生出来的就是虚。

"实"，就是造园家所创作的艺术形象；"虚"，则是园林引起观赏者的联想与想象。任何园林艺术，如不能给观赏者留有余地，不能引起观赏者想象力的发挥，是没有生命力的园林造景。在中国园林中，虚与实展现在很多方面，又如山水，山为实在的实体，水给人以虚幻感故为虚体，山水的虚实是由山水的对比与园林的营造给人的虚虚实实之感而产生。我们说的环山抱水，就代表着虚实之间的融合以及依赖。园林虚实运用得当，能够使理水更富有趣味。小水体的造影使得蓝天映入水中，使观赏者视线延长；以亭、廊、桥和植物与曲折的水岸相互掩映，给人以"虚"境的想象，从视觉上扩大了理水空间。岸堤的曲折和廊、桥、汀步的引入使得理水空间层次更为丰富并增加理水之情趣。园林中凡视觉无尽之景，都是一种"化实为虚"，如小池以湖石驳岸，犬牙差互，打破了岸堤的实线完整；曲廊修阁架水，不见源头边岸；岩涧洞壑之莫穷等等，皆"化实为虚"。上海嘉定的"秋霞圃"，实景太过于"实"。假山水池，亭榭堂馆，分别观之，质量均上乘；整体看，环池建筑太多，参差排列如肆，显得池沼既狭小，且空间淤塞而不开朗，景境缺少层次，无深度。可谓"有屋处多成赘疣"，失去山水清旷的立意。浙江海盐的"绮园"理水，则得势于虚。全园以山水为主，山环水绕，中间大池，汇为巨浸，浮空泛影；山水上下，古木成林，老树繁柯。园内建筑很少，惟南部临水一堂，北部山巅立一小亭。环大池，东南一旁傍山，西北一馆架水，且这两座亭、馆，造型粗糙，质量亦差，正因建筑少而分散，无碍全局大观。人处园中，疏朗而清旷的山水情景，如池中小桥上的题联"雨丝风片，云影天光"，令人尘虑顿消而心旷神怡。

虚与实用形象的说法来描述就是，实体为躯干，虚体为灵魂；实体为基础，虚体为升华。园林之间的改变基本上就是虚实之间的改变，这样的变化产生一种没有声音但有韵律的节奏，让游客感到非常舒服和悠闲。我国园林景观在组合空间的过程中，园林景观空间分隔法成为最为广泛的方法，这种方法可以将园林景观空间的空旷与乏味分隔得丰富与富有情趣。中国园林营造以山石、亭、廊、桥、汀步等元素进行分隔，一方面让理水空间保持了有机联系，另一方面又不断改变，让园林变成一个和谐有韵律的空间整体。分割的方式有很多，比如虚隔和实隔。有形的分割即实隔，当两个相邻的空间动静、功能以及风格都有很大区别，最好选择实隔，它主要是通过建筑、石头加以分隔。如果两个空间没有太大联系，最好选择虚隔，它基本上都是用空廊和植物加以分隔。这样，经过分隔园林理水，空间就让人感到非常灵活，也就有了一种欢快的虚实变化的韵律美。正是由于这种实处生虚，以虚破实的手法，造就了中国园林如诗如画的艺术境界。

3.3.3 “虚实相生”与室内空间营造

道家思想“虚实相生”在室内空间营造中运用广泛。室内中的虚空间依靠室内的实体对人以精神上、心理上暗示、象征等手法表达出所表达的内容。虚空间通过实体的主观想象表达，实体通过虚空间加以升华，虚实空间相互关联与渗透。室内的虚空间以实空间为载体，表达意在言外之情感；虚实空间相互映衬，超出实体感知，进入有限的形与无限的意的相互交错之状态。

室内中的光影是虚空间，光与影和实体的交错在室内产生奇特的效果，给人以遐想空间；遮阳伞实体的光影也是室内的虚实空间作用，并且随着阳光的变化而变化产生动态的空间。室内凹凸变化的营造，也是虚实空间的表达，凹凸的空间使虚实空间灵活多变，给人以多样空间之体验。玻璃与半透明材料所构成空间也是虚空间，虚空间与室内周围的家具、陈设等的融合，使室内空间更为丰富多变。空间的暗示也是虚空间：吊顶、台阶、地毯等实体来分隔，实体的划分，虚空间暗示、联想相互映衬，增强空间层次。地板、墙壁与天花板所围合的实体空间给人以隐私与安全感，但是如只是实体空间的结合，会让人产生孤独、憋闷之情，如半开敞或透明的虚空间能介入到实体空间中来，就会使得空间灵活多变、给人以生气，增加室内空间的亲和力。室内实体的金属、镜子等通过反射或折射体现出虚空间的美妙，有限的实体在人们的视觉下扩大了虚空间的感受。室内的实体空间是有限的，如通过实体的镜子、金属等来扩展空间，就形成了虚空间，实空间得到了延伸，虚空间得到了展示。许多室内的客厅如想将其空间扩大，通常的做法就是在客厅的沙发后放置一面镜子，虽然对实体空间未有过大的改造，但是虚空间的介入使得整个客厅一下就丰富多变，并且空间延伸甚多，营造了清新灵透的氛围。室内空间在结构限制下，实体起到阻碍之作用，如室内通道出现一堵石墙或一根柱子，也可以用镜子、金属或透明之物将室内实体进行装饰，从视觉上减弱了实体对空间之影响，并且将实空间融入虚空间中，变实为虚，虚实相融，虚实相生。镜子、金属或透明之物可以将室内的实体空间由静变动，既有实体的流动，又有虚景的渗透，虚实相生相映，妙趣横生。颐和园石舫中，一面大镜子在玻璃墙中镶嵌，空间流动，虚实相映。

室内空间的营造中道家思想的虚实相生使得室内空间更为丰富多彩。虚实空间的结合与营造，相互依存，互为补充，相得益彰。室内空间的实体赋予虚空间以载体，是虚空间得以展示意蕴的实体；室内空间的虚空间是灵动的，依靠于参观者的遐想来体会到实体更深、更远的韵味与内涵；室内设计中虚实空间营造使得虚空间意味深长，实空间使虚空间的表现形式得以升华。在室内空间营造中，虚实结合，既弥补实体空间的直白与生硬，又增加虚空间之缥渺不定，丰富了室内空间，增加了蕴意，虚实相生，空间无限。

3.4 “诗情画意”空间与建筑环境空间营造

3.4.1 “诗情画意”与建筑空间营造

道家思想将“诗情画意”的“虚”、“静”心态运用到了建筑空间的营造中。“诗情画意”中的“虚”、“静”、“玄远”、“空灵”、“逍遥”正是道家思想所倡导的,“诗情画意”使人感悟涤除心胸、忘怀尘世、虚极静笃的道家理想境界,这也是建筑“诗情画意”空间所能营造的。

道家思想“诗情画意”在建筑空间的营造中主要表达方式概括为:一、“诗情画意”空间的穿插,如:庭院、廊、桥等艺术空间的介入,建筑空间如诗如画,使建筑空间层次丰富,步移景移,建筑空间的营造更富有道家“虚”、“静”、“空灵”、“逍遥”之感。如:天津大学冯骥才文学艺术研究院的设计,将庭院引入建筑,建筑的第一层为架空空间,水池被引入建筑的架空空间中,波光粼粼的水面,卵石放入其中,质朴且静谧,清新又淡雅,淳朴而自然,强化了建筑与自然和谐共生的“诗情画意”之情,为整座建筑空间带来了些许灵动与生机。 二、以“墙为白纸,石、植、水为画”,空间的表达也是道家“诗情画意”营造建筑空间的手法。“墙为白纸,石、植、水为画”建筑空间的表达,是将中国的国画与建筑相结合,形成建筑与艺术的完美嬗变。建筑雪白的墙上未有一丝装饰与肌理,像中国画的白纸一样干净如雪,石头、假山、花、草、水等以白墙为背景营造空间,给人以活灵活现的“诗情画意”之景象。如贝聿铭先生的“收笔之作”苏州博物馆建筑的空间营造就是运用了此种表达来体现“诗情画意”之韵味,“墙为白纸,石、植、水为画”让人在繁杂的都市生活下找到一丝的宁静、忘怀尘世、虚极静笃之境界。三、建筑的门、窗等建筑构件成为建筑空间对室内外景色营造的“画框”,来表达“诗情画意”之空间。建筑的门、窗饰以各种形式的装饰线脚,称为“门景”与“窗景”。门与窗洞口有方、网,六方、八方(即六边形、八边形)等几何形式的;有模仿植物的:海棠花形、莲花瓣形、牡丹瓣形、葫芦形、秋叶形、梅花形等;有仿照器物的:汉瓶形、云头执圭形、剑环式、方壶式、花觚式、草瓶式、唐罐式、鹤子长圆式等,形式多样、充满意趣。以此类“画框”之门、窗框景,将建筑之外景引入室内,构成“虚”、“静”、“空灵”之景色,诗情画意,趣味无穷。四、中国画的技法与建筑空间相结合,构成了“诗情画意”之意蕴。中国的国画注重点、线、面的组合,注重“气韵”,“疏”“密”的协调,建筑的空间营造亦是如此,体现“诗情画意”之情趣。《诗经· 小雅· 斯干》:“如跂斯翼,如矢斯棘,如鸟斯革,如翚斯飞,君子攸跻。”[1]形容建筑的屋顶像鸟儿翘起的翅膀,犹似朱雀展翅欲飞,诗情画意,韵味十足。大画家吴冠中先生的笔墨与著名建筑师贝聿铭先生的苏州博物馆的表现如出一辙,他们的作品给人诗情画意之意境与无限遐想之空间。

---

[1] 诗经 · 小雅 · 斯干.

“片山多致，寸石生情”，“诗情画意”在建筑空间中的运用使人触景生情，融情于景，体现了道家思想“虚”、“静”、“玄远”、“空灵”、“逍遥”之情感。

3.4.2 “诗情画意”与中国园林空间营造

道家思想“诗情画意”的“虚”、“静”、“玄远”、“空灵”、“逍遥”亦运用到了中国园林空间的营造中。中国园林与中国山水画有着密切的联系并受其影响，因此中国园林也讲求“画意”之韵味。中国园林以写意为主，且在一定程度上体现着绘画的原则。园林不仅要把秀美的山水构图微缩在园林中，还要参考画的意境，讲求立意深刻，将自然之情写意再现。在我国造园家那里，山水画的意境确实有较大的权威，计成的论述非常典型。计成对自己山水画的造诣非常自豪。《园冶》是他的自序。其中提到，他本人对山水画有一定了解，对很多事情都有好奇心，最为欣赏荆浩等人的画风。吴又于作为他的朋友，对他的假山赞赏有加：和荆浩等大师可以相提并论。计成也经常提到造园必须遵守绘画的意境，他认为，一些山水大师，比如五朝时期的荆浩所创造的意境都是可以仿照的代表作品。清华大学著名教授楼庆西说：“自元朝以后，中国园林与绘画的关系几乎是不可分的，造园技法与绘画技法相通，并集中运用于理水和叠山两方面。”[1]比如，我国园林景观中的水池不以规矩人工形体呈现，而是较为自然地以自然的形态展现，因此岸边的营造以曲折的自然流线居多，并且在曲折的岸边砌大小与形状不一的自然石，加以植物的栽种，自然趣味真情的表达。园林景观水面如果较大，在其营造时要加以较为集中的空间，体现镜湖烟波之景象；而如果水面并不是很大，则以曲折的岸边加以自然大小不一的石头，再加以植物配置，虽然是一池小水，但却给人以丰富广阔之感。游人虽看不到完整的池水，但能在想象中体会到池水的宏伟景象。游客不管处在园林的哪个位置，都能看到非常美丽的景象。我国园林景观空间十分重视亭、台、楼、阁的布局营造、近远景的植物层次的搭配照应、叠山与理水的组合的营造……以体现园林景观的唯美画境。感受了画境的意味后，要用心体会风景背后精致、唯美的“画意”。

中国园林常以小见大，常以滨水建筑、山石、廊桥等元素对空间进行划分，造成园林的曲折多变，扩大园林的空间。园林空间的幽深曲折与对景色的组景、引景都使人觉得比正常园林空间大，给人以“画意”的想象空间。中国园林与中国山水画有同出一辙之意。中国传统园林采用中国山水画含蓄之手法，采取“山重水复疑无路，柳暗花明又一村”的欲露先藏的理水手法。欲露先藏的园林理水手法，藏露得宜，主体明确，平中见趣。园林中的假山、植物、滨水亭廊遮掩住主体水景，不让游者一目了然，而引导游者一步一步地接近水景，主体水景渐入眼帘。一遮一藏一露，使得平淡无奇的园林理水趣味丰富而无穷。造园者还经常运用分隔的手法加深景观层次。例如，曲折

[1] 楼庆西，中国建筑形态与文化，中国旅游出版社，2008：69.

的桥、汀步或石板设置在水面之上，使得小空间的进深增加，并丰富了水面空间的层次感。园林景观中的漏墙、亭廊，由自然之景渗透于其中，与自然景色相互融为一起，情趣盎然，画味十足。中国园林理水时，对大自然的风景经过提炼、加工、取舍，以石代山峦，以池代湖海，因此有了“一峰则太华千寻，一勺则江湖万里”的诗句。假山沟壑、花香林木、亭台楼榭等与溪流水景相映衬，悠然意远，心旷神怡。在园林水景旁、独坐在亭廊中，吟风弄月、手挥五弦、舞笔飞墨、饮酒赋诗，赋予园林理水之意境，亦给园林理水添加了几分画意。中国园林水景也常依据画意理水，使得画中有景，景中有画。颐和园“画中游”的亭子与周围的水景、自然景色构成美丽的图画，游人似在画中游。园林中的水景，其亭廊、榭舫常临水而设，借助湖水造景，加以园林中的山石、山景，形成山水相依、秀丽如画的画面。以水景为主要内容，伴以莺啼、月色、花香，“画意”得以体现。中国园林与山水画都有个重要的命题：移情。中国园林与山水画都是独立自主而又开放的精神空间，吸引观赏者走入其中，赋予想象空间。可行、可望、可游，是造园者与画家的一种邀请，他们通过艺术手法向观赏者发出邀请，与观赏者重回山水间的心灵之旅。欣赏者不只是山水的过客和旁观者，他们留恋徘徊，甚至愿意将身心安顿其间，使得造园者、画家和观赏者达到共鸣，在心中产生了“画意”之效果。如果是在苏州园林中游赏，即便是一个园林理水的角落，也都能感受到图画美——理水的滨水建筑旁就必有熟悉的竹子、芭蕉等植物对其进行点缀，或将山石放于其中，来增加园林景观的趣味性并对空间进行了丰富。我国园林景观在营造时将理水与整个园林景观空间的气氛塑造为和谐、静谧的空间氛围，这也可以说是绘画技法在造园理水细节上的运用。

中国园林的诗情，通过语言的传递和情感的传输给人以遐想的空间，就是借助于古典的诗词歌赋表达的。拙政园内处处为景，原本一座普通的方亭经过设计师的手笔，成了一座独特的梧竹幽居，自然也成了中部池东景色观赏的重点。方亭坐落在长廊之前，在广池的映衬下，白墙红柱的搭配显得更加肃穆，但有了梧桐翠竹遮阴，又增添了几分淡然幽远。如果说这样的方亭已经够别致了，那就太小看建造师们的技术了。它的四周白墙上有四个圆形洞门才是最特别之处。洞与洞相连，无论从哪个角度看它，都会有不一样的景观。俨然是一幅江南小镇的缩影，有梧桐翠竹相伴，小桥流水映衬，圆洞形成的花窗的掩映，一切都让人流连忘返。方亭的匾额与对联对如此美景做出了最好的诠释：如赵之谦的“爽借清风明借月，动观流水静观山”，上联是人与自然和谐相处的完美写照，下联运用虚实结合、动静结合的手法，衬托了方亭的美景。而匾额上的“梧竹幽居”四个字用的则是文徽明体，显得独有韵味。另外一座就是荷风四面亭了，它与方亭不同，建造在池中小岛之上。有着荷花的环绕，所以才有了这个亭名。四面的湖水波光粼粼，湖岸的柳枝随风摇曳，这正是抱柱联所描绘的景色：“四壁荷花三面柳，半潭秋水一房山。”无墙无壁的亭子以荷花为墙，道出了亭子的通透明亮，以柳树为衬托，构成了一道绿色的茂盛之景。文字与实景的配合才将眼前之景跃然纸上，记在心中，无法忘却。对联中“壁”字用得极好，夸张的比喻让这座小亭子焕发光彩，丰富的想象力使得小亭更加迷人生动。一阵风吹过，湖上碧波荡漾，小亭的“墙壁”也随之摇动，就像是一个美丽的少女在湖上随风起舞。色、形、香俱全，五官都是一个完美的享受。荷花盛开的季节是荷风四面亭最美的时候，不过春天有轻盈的春柳，秋天有明镜般的湖水，冬日里有肃穆的山岭，使得它不仅适宜夏天，四季都有不尽的美景。从远处眺望荷风四面亭，它仿佛是一颗耀眼的明珠放置在荷花盛放的托盘之中，挺拔的红柱显示它傲然的姿态。与谁同坐轩是根据苏东坡的词而得名，苏东坡词中写道：与谁同坐？明月、清风、我。它与前面的两座小亭相比更显别致，宛若一把折扇。轩内的大小物件，如石桌、石凳、墙面的匾额、灯罩等都是扇子的形状，所以叫它为“扇亭”就更加贴切了。扇亭的地理位置当属最好的了，在轩中的任何位置都能看到周围的景色。轩内的诗句联“江山如有待，花柳自无私。”文雅而有内涵，轩外树木高大而雄伟，石幢静静伫立。你可以时而凭栏眺望远方，时而坐在轩中小憩，不一样的美景会尽收眼底。“花间萝蹬一痕青，烟棱云罅危亭。笠檐蓑袂证前盟，恰对渔汀。红隐霞边山寺，绿皱画里江城。槐衙柳桁绕珑玲，坐听啼莺。”这首诗是对“笠亭”的赞颂，笠亭是在扇亭后面的土山上，它从外形上看十分像一个箬帽，没有了豪华的装饰，显得十分朴素。小亭在一棵棵茂盛的草树之中，亭前就有一汪山水。从远处看，就像是一个带着箬帽的老翁怡然自得地在垂钓。亭与轩的相互融合是一种小众的艺术风格，这在我国古代园林建筑中是比较不多见的，与谁同坐轩和笠亭的结合就是这样的艺术风格。放眼望去，一座名叫“浮翠阁”的建筑最能吸引人的眼球，它是一座呈八角形的建筑，坐落于笠亭山上，整体风格气派高大。之所以称为“浮翠阁”，是因为掩映在茂密的树林之间，使得人们不能观其全貌，就好似漂浮于翠绿之上。在高大气派的同时，也不失精致，精美的雕刻和隔扇图画让人赏心悦目，登阁眺望，满眼尽是美丽的山水，满园景色尽收眼底。在建筑物的搭配上，也着实令人沉醉。傍水，依山，山巅，依次是各种建筑的相互呼应，由高到低，从远至近，仿佛置身于一幅山水画之中，让人流连忘返。

3.4.3 “诗情画意”与室内空间营造

“诗情画意”在室内空间的营造中是道家思想一种“道”的境界，一种“道”的精神。“诗情画意”在室内空间的营造表达是道家思想“朴质无华”、“虚”、“静”的一种极高的“道”的境界。

道家思想“诗情画意”在室内空间的营造中主要表达方式概括为：一、室内实物对空间的营造来表现“诗情画意”的意蕴。室内空间的实物如：室内陈设、室内家具、室内的诗词画卷、如意花瓶、室内的绿植等等，这些实物在室内精心的摆放与营造使得室内空间“诗情画意”的韵味深浓。例如，与室内入口相对的空间放置一条木色的几案上放置一盆盆景（盆景常被誉为

“无声的诗，立体的画”），诗情画意的营造在狭小的室内空间中展现大自然之美与情怀，给人以不同的感受与遐想。高大的中庭中悬挂意蕴之笔墨，宝贵笔墨下栽种竹子（植物的选择要注重色、香、韵，不仅仅有绿化之作用，还要追求“诗情画意”，达到“深远、含蓄、内秀”之植物如竹子具有：“未曾出土先有节，纵凌云处也虚心”的品格，表达宁静的气氛以“夜雨芭蕉”来渲染），情寄于景，景寄于情，达到“诗中有画、画中有诗”的意蕴效果。二、室内通过对光与影的渲染与营造表达室内空间的“诗情画意”之情。自然的阳光透过窗扇引入室内，洒在室内的墙上、地上、家具上……室内空间与阳光“道法自然”的接触，体现了室内空间的质朴、宁静，给人以无限的遐想空间。人工的照明照在雕刻有书法或画卷镂空的纸上所映射的光影，光与影的交错表达在讲述历史的同时亦能体现现代感的自然恬静、幽雅清新“诗情画意”之情韵。三、室内空间的营造亦能传达“诗情画意”之境界。室内空间的营造如：水体空间、假山空间、廊桥空间的介入与穿插将道法自然之“诗情画意”空间表达得活灵活现、淋漓尽致。如透过室内大厅空间的人工瀑布空间可以远观大厅内之景色，给人以雾里看花之宁静、祥和的气氛。参观者经过室内的蜿蜒曲折的亭廊空间到达另一室内空间，步移景异，犹如在历史的长河中徜徉。室内中潺潺的水溪与木桥或石桥相结合，人身临其境聆听到水流赋予韵律的节奏，感受着如诗如画之景色，以景抒怀，表现深远的意境。如广州白天鹅宾馆的室内空间“诗情画意”的渲染与营造为一个成功范例：室内将亭子、假山、瀑布、桥等空间引入室内中庭，亭子在由英石筑砌的石岩之上，瀑布由亭边的小溪涧流出，分三级而下流入到人造的池湖中。亭子、假山、瀑布、绿植、桥等空间倒影在池湖之中，如一幅生动美妙的画卷映入眼帘，画在景中，景在画中，寄情于景，情景交融，给人以无限的遐想空间。

“诗情画意”在室内空间中的运用使人触景生情，融情于景，体现了道家思想“虚”、“静”、“道法自然”之情韵。

3.5 本章小结

本章从道家思想与建筑环境营造的空间方面进行解读。道家思想在建筑环境空间方面主要表现为：崇无、欲露先藏、虚实相生、诗情画意。“崇无”方面，建筑适用的部分不是实体而是由实体围合出来的空间；中国园林中“无”空间的营造以水体的造影使观赏者视线延长，以亭、廊、桥和植物与曲折的水岸相互掩映，给人以“虚无”意境的想象；室内环境“无”的营造给人以最大的想象空间，室内环境“无”的营造使空间变得更为纯净。“欲露先藏”方面，建筑空间形成高低错落的变化、有收有放的空间，从而组成既有规律又富于变化的建筑系列，使空间丰富、具有感染力；园林要有欲露先藏、静谧的氛围，使游人有宁静的心情，形成一种清旷深远的意境；空间表达在室内空间的营造中，由于“藏”的空间铺垫，使得主体空间更突出、丰富、多样，而且给人们的印象更为深刻，回味无穷。“虚实相生”方面，中国建筑中围合空间没有固定的界限，道家思想的虚实相互渗透在建筑空间中，体现得淋漓尽致；虚与实的交错变换成为园林景观空间的主要内容，虚与实在园林中的营造成为富有韵律的秩序与节奏感，造就了中国园林如诗如画的艺术境界；室内的虚空间以实空间为载体，表达意在言外之情感，进入有限的形与无限的意的相互交错之状态。“诗情画意”方面，“诗情画意”在建筑空间中的运用使人触景生情，融情于景；园林不仅要把秀美的山水构图微缩在园林中，还要参考画的意境，讲求立意深刻，将对自然之情写意再现；“诗情画意”在室内空间的营造表达的是道家思想“朴质无华”、“虚”、“静”的一种极高的“道”的境界。本章从道家思想对建筑环境空间的营造进行研究分析，我国本土文化空间的营造对当代的建筑环境具有借鉴价值。

道家思想的“崇‘无’”、“虚实相生”、“欲露先藏，含蓄有致”、和“诗情画意”的空间观，在建筑环境中体现和谐平衡、内向（围合）、自由灵活的空间观念，这三种典型的道家思想在中国建筑环境空间的表达中传承与嬗变。

空间过于复杂与过于“有”会导致空间的不稳定，给人没有了空间的喘息余地，“崇‘无’”，以建筑、园林景观与室内空间的“虚”空间与留白来达到建筑环境空间的平衡状态。建筑环境空间的“崇‘无’”以空间的流动，在建筑、景观园林与室内空间中给人以最大的遐想空间，以“无”使得空间更为稳定与均衡。“虚实相生”道家思想在建筑环境空间中也使建筑环境空间达到和谐平衡的状态。建筑的实体空间与庭院空间围合的虚，室内陈设实空间与意境的虚空间的虚实协调在建筑环境空间中穿插交替得以实现。“虚实相生”空间在建筑环境中的营造使得空间更为丰富，虚实空间相互依存，互为补充，达到空间的和谐平衡。建筑环境空间中实空间是载体，虚空间将实空间的蕴意升华，虚实空间的结合使得空间协调，让人体味建筑环境空间的意境与内涵。道家思想的“崇‘无’”、“虚实相生”在空间营造中的运用使得中国建筑环境空间更和谐、更具有亲和力，不像儒家在空间中的营造思想是等级分明、中轴对称的，儒家思想的建筑环境等级空间的营造给人以敬畏、肃静之情，以建筑环境纪念空间与行政空间的营造居多。中国传统建筑环境空间营造中，庭院空间就是“崇‘无’”、“虚实相生”的典范：建筑将室外空间进行围合，围合的实体空间为建筑，虚体空间为庭院，庭院有建在建筑中央的，也有置于建筑中央周围的均衡空间的，庭院使得建筑、景观与室内空间内外相互渗透，建筑环境与自然和谐共生，达到了空间的和谐均衡。现代建筑环境的营造仍然对庭院空间的营造情有独钟，因为庭院空间体现着中国的文化，是文化的传承，但是现代庭院空间在建筑环境营造时不仅仅局限于将庭院置于室外为“崇‘无’”空间，还将庭院由室外空间引入室内空间（庭院空间的顶部加以玻璃，还是通透的“崇‘无’”、“虚实相生”空间的表现）。如中国国家图书馆新馆，就是由“崇‘无’”、“虚实相生”的思想将庭院置于建筑环境中进行营造，达到空间的和谐。中国国家图书馆新馆，空间虚实结合给人以“回”字空间的阅览空间，地下一层、一层、二层与三层为庭院空间“无”与“虚”空间的营造，庭院的顶部以玻璃覆盖，阳光透过玻璃洒入阅览空间，让人在书的海洋与大自然亲近的空间中畅游；四层与五层为实体空间的营造，给人以私密的建筑空间营造，开敞空间与私密空间相互结合，达到空间和谐平衡的营造。“欲露先藏，含蓄有致”的道家思想空间观，表达了中国建筑环境空间的内向性，并不像西方直白外向的空间表达。追根溯源，中国人的性格以内向、含蓄、稳健与依赖为主，由于思维的倾向性我国建筑环境空间层层深入，引人入胜，形成了道家的“欲露先藏，含蓄有致”内向性的空间观。道家思想为“归隐”思想，“隐”，不想让人一眼看穿；也由于道家的“道法自然”观，根据自然的地势地形而造，自然之势含蓄展示，在“欲露先藏，含蓄有致”的空间观中含蓄展现得淋漓尽致，建筑的空间围合、室内空间的遮掩与园林景观借景等空间的营造，都体现了道家“归隐”自然思想的内向性，给人以安全感。西方的建筑环境空间的营造以明快、开放、直白的建筑、景观与室内表达（景观构建在建筑之外，景观道路空间明确，建筑空间清晰明朗，室内空间直白的表达，没有遮挡）体现了西方人的外向性特征；我国的建筑环境空间的营造以含蓄、隐晦的建筑、园林景观与室内空间（园林景观与建筑空间相互穿插，曲折迂回，层层丰富，建筑空间隐于园林空间之中，建筑空间因园林空间变化而变化，室内空间巧借园林之景将其引入室内，室内空间的表达委婉含蓄）体现了我国的内向性特征。我国传统建筑环境含蓄空间的营造时，常常在建筑环境之外以墙加以围合（建筑或园林景观中墙中窗透而不通，内外空间透过传统冰裂窗既起到流动传达的作用，又围合了建筑环境空间），安全感更强，我国建筑环境空间的内向性更为明确。我国的万科第五园建筑环境空间的营造体现了“欲露先藏，含蓄有致”的内向性空间观。万科第五园的建筑、室内与景观的营造传承了空间的内向性空间观，建筑与园林景观相互穿插，层次丰富、内容多彩，且建筑建于内流水的两侧，形成内向性空间围合，符合中国内向的空间思维，适于中国人的居住行为习惯模式。万科第五园中，建筑因势而就，层层展现，凹凸的露台、建筑与建筑间狭窄的通过空间，下沉与上升的过渡空间……逐渐展示；园林景观碧绿的竹林空间，前庭、中庭与内院景观的层次深入；室内空间通而不透的镂空空间将室内与室外分隔、漏窗的借景……这些建筑环境“欲露先藏，含蓄有致”空间的营造给现代生活增添了传统的内向性空间的渲染，唤起人们传统文化与传统生活方式的共鸣，是人、传统思维、文化与自然心灵的归属之地。“诗情画意”的空间观，表达了中国建筑环境空间的自由灵活性。“诗情画意”的空间营造体现道家对大自然的向往，对林泉之乐、山林野逸的自由空间的追求。道家“道法自然”思想，对大自然中的山川、河流、植物的喜爱，在建筑环境的营造时浓缩以“诗情画意”的空间观自由灵活地表达出来。“诗情画意”空间的自由飘逸、无拘无束的建筑环境空间表达，如同把人们带入世外桃源、道家仙境。“诗情画意”的空间观在建筑环境中营造，将大自然自由灵活的空间展示出来，给人以沉思遐想的精神寄托。“诗情画意”的自由灵活空间在建筑、室内与园林景观中的表达，让人们凝思，使精神超脱与升华。道家思想认为自然是最伟大的，尊崇自然的本性,自然自由灵活“诗情画意”的空间才能使得人们摆脱世俗,静心冥想。“诗情画意”的空间以其灵活性，展示道家思想“道法自然”的精髓，以情致景，以景致情，情景交融。“诗情画意”的空间在建筑环境的营造中，诗为无形之画，画为有形之诗，空间灵活多变，建筑环境空间与情、与景、与自然融合。我国现代建筑环境的营造以“诗情画意”的空间观，表达我国特有的传统文化思想建筑环境空间的自由灵活性，赋予其新的内涵，如世界著名建筑设计师扎哈·哈迪德的望京 Soho 和世界著名设计师王澍先生设计的中国美术学院象山校区的建筑环境空间都表达了我国思想文化特有的自由灵活之情。望京 Soho 的建筑由现代感简洁的“三个大石头”组成，犹如中国画中的“山”，空间高低起伏；其景观以灵活的空间组成与建筑相互融合；室内空间灵活多变，犹如行云流水。望京 Soho 建筑、景观与室内空间的营造如诗如画，空间灵活多变，人在其中走犹如在祖国的大好河山中游弋，体味着建筑环境空间与情景的融合。中国美术学院象山校区的建筑环境空间的营造也采用了“诗情画意”的空间，空间灵活多变，传达中国文化的内涵。中国美术学院象山校区空间的营造由自然出发，让人感受自然，建筑环境空间的营造从自然中来，又返回自然的过程，建筑环境空间融于当地自然的山水、森林之中，如诗如画。中国美术学院象山校区当地的自然环境，依山傍水，风景秀丽，王澍先生经过对象山自然山水的整合，将建筑环境空间的营造融于自然之中，不显得突兀，像现代的山水画一般诗情画意，并且建筑环境空间自由灵活，没有阻隔，步移景异，犹如在象山大自然中畅游。

第4章　建筑环境材料营造的道家解读

4.1　返璞归真思想与建筑环境材料营造

4.1.1　返璞归真思想与建筑材料的营造

道家返璞归真、施法自然的思想在建筑材料方面的营造主要体现在自然材料的营造上。自然材料来源于自然，是可以循环再利用的，最后又回归自然，与道家的返璞归真、施法自然之思想相统一。

建筑的自然材料主要有：木、竹、秸秆、土、石等等（图4-1）。其中木、竹与秸秆可以归为一类，因为它们都是由富有生命的植物在失去了自然的生命之后在建筑材料的营造时又被赋予了文化生命的延续；并且木、竹与秸秆有着生命的痕迹——鲜活的纹理，让人对其能够产生情感与舒适之感。土是建筑材质中较为结实的材料，是古代城墙、宫室常用的建筑材料。建筑材料的土大致可分为两种：自然状态的土称为"生土"，而经过加固处理的土被称为"夯土"，其密度较生土大。在道家思想中"土"象征着权力和统治地位；道家思想"天人合一"和风水观与"土"有着密不可分的联系与影响。石材是运用广泛的建筑自然材料。石材由于地理地质的不同，种类繁多并且具有丰富的纹理，丰富了建筑的表情。石材使用时间较长，可以将建筑的历史延续与传承，是一种寄托人们情感的材料。我国受道家思想的影响，以含蓄、无为、阴柔为主导思想，所以中国古代建筑材料以木为主角，土为辅助，石为配角。在进行返璞归真的建筑材料的选择与营造时，道家思想五行观"金、木、水、火、土"与自然材料亦能对应：木、竹、秸秆代表道家五行观中的"木"；土代表道家五行观中的"土"；石代表道家五行观中的"金"。道家思想认为"金、木、水、火、土"是构成世界万物的

图4-1　木、竹、土
（图片来源：www.baidu.com）

基本元素，相互联系、相互制约、相互转化，维持着事物的平衡，在建筑自然材料的营造时亦是如此。

道家思想返璞归真、施法自然的思想体现在建筑材料的营造中，要从我国地域性与民族性的历史文化流域中寻找符合我国特色的建筑材料，低碳环保生态的本土自然建筑材料，既能表达我国的人文精神又能表达道家“天人合一”的思想。在当今工业社会迅速发展、高技术社会的充斥下，我国建筑大同小异，失去自我，道家思想在建筑材料方面回归自然、返璞归真、与自然相融合，让人重新体会到自然的和谐之美与自然赋予人们的厚爱。自然建筑材料的木、竹、秸秆、土、石的运用，让人们在嘈杂的都市中也能够与大自然亲密接触，令人心旷神怡。我国本土的木、竹、秸秆、土、石等自然建筑材料形态在变，时间在变，但是自然所赋予建筑材料的精神不变，在瞬息万变的世界里，木、竹、秸秆、土、石给人以文化的传承感。

4.1.2 返璞归真思想与园林景观材料的营造

道家返璞归真、施法自然的思想在园林景观材料方面的营造主要体现在大自然材料的营造上。大自然材料来源于自然，可以循环再生，最后又回归自然，最终再成为自然的一部分，与道家的返璞归真、施法自然之思想相统一。

园林景观的自然材料主要有:（木）植物、土、山石与水（图 4-2）等等。其中木（植物）元素的材料一直以来都体现出山水诗画、生活习惯、哲学思想的影子。植物的品类选择方面，非常注重“品格”的体现，色香韵三者的意境也要体现在形式上，不能单一地考虑绿化美观，更突出在“入画有诗意”的境界层次中，能够让人感觉到情景中散发出含蓄、深远、内秀的人文气息，情景交融，让人一眼看上去，就能感受到“只缘身在此山中”的境界。受到中国传统文化思想影响的园林景观，在造景寓意方面非常擅长，可以通过植物的特点和寓意相联系，就好像竹子，在诗文中曾提及：未曾出土先有节，纵凌云处也虚心，表达了高洁、傲气的君子品德，也经常通过季节的变化导致植物的不同形态，用来形容诗人的意境，就正如夜雨芭蕉，就是通过芭蕉在夜雨中的形态，让人感悟到一种宁静的气氛。还可以借助不同的植物色彩、特点、特征的变化，给人多种不同的感觉体悟，让大家感觉到植物的不同性格特点再进行拟人化的表述，例如植物在恶劣的自然环境中，防御抵抗的自然本能，梅花凌寒开放，竹子刚直高挺，松柏刚强，菊花傲雪，兰花脱俗,荷花清洁等特点。以梅、兰、竹、菊作为高洁之士的品格象征，运用到园林景观中以自然之美象征品格道德之美。以植物为主题材料表达人们对园林景观情感的各类作品数不胜数，不同的植物，被赋予不同的情感含义。大自然中的山石具有神态各异

图 4-2 自然中的石与水
（来源：www.baidu.com）

的形态与质感，给人以不同的情感传达，丰富了园林景观自然的表情。园林景观中山石与土的材料相组合，叠石聚土而成，丰富了园林景观空间。“水”作为园林景观材料的一个重要组成部分，数量非常大，通过相互倒影的水面映像，把多变的水态环绕穿插在园林当中，能够拓展园林的艺术感和空间层次感，让人看上去就有层次错落的、高低起伏的和谐韵味。作为园林景观中最关键的因素之一，水是非常重要的。道路作为建筑的桥梁枢纽，增加水体为核心的建筑元素，让植物、水相互映衬穿插，通过多种组合模式把园林景观丰富和多元化的特点展现出来，从而达到流畅柔和的园林美目的，同时也是自然、雅韵园林景观必不可少的条件。在进行返璞归真的园林材料的选择与营造时，道家思想五行观“金、木、水、火、土”与自然材料亦能对应：木（植物）代表道家五行观中的“木”；土代表道家五行观中的“土”；石代表道家五行观中的“金”；水代表道家五行观中的“水”。

道家思想提倡：自然为大地之运，圣人之用，谓之自然。在老子思想基础上，庄子进一步深化道法自然的思想理论，注重无为和自然。庄子认为，自然界的万事万物才是最完美的，提出了大地有美而不言的理论观点。在老庄之道中，大自然的美来自于它的自然形成，这种自然美是最充分的园林景观源泉，能够把“无为而治”这种思想充分地展现出来。自然没有主观意识，在自然无形的过程中，成就了自然的美。通过上述得知，在道家学者的返璞归真思想中，自然美是其精神的精髓，通过朴质、自然、逍遥、淡薄、自由、浪漫的情感气息，体现出最美的园林景观。

4.1.3 返璞归真思想与室内材料的营造

人类与大自然共生，热爱、依附于大自然，回归大自然。室内营造时材料尽量选取自然材料，达到道家施法自然、返璞归真的效果，也能体现室内营造的自然化、人情化。现代化、没有人情味的建筑材料的营造不能给人们以归属感，不能使处于紧张生活的人们得到心灵与身体的彻底放松，然而返璞归真的自然材料在室内营造中却能够满足人们亲近大自然的渴望，体会回归自然后的彻底放松之情。淳朴的自然材料所营造的室内，给人以质朴、清新、脱俗之感，又能让人感到家的温馨之情。返璞归真的材料在室内中的营造，将自然带回城市，让人们在喧嚣的、冷冰冰的城市室内中享受着自然给人们的“厚爱”。

室内营造的自然材料主要有：木、竹、藤、水、石等等。其中木、竹与藤可以归为一类，因为它们都是将具有生命的植物引入室内，具有大自然的生命力，气质感与纹理让人产生回归自然的情感。木、竹、藤材料的纹理与质地非人工可雕饰出，浑然天成，自然的鬼斧神工让人们叹为观止。水是万物的生命之源，水引入室内使得室内的气氛变得富有生气，并且水在室内的营造能增加室内湿度，调节室内的尾气后循环。室内中细细的流水如自然在为人们弹奏富有韵律的轻音乐，让人心境平和、宁静致远；雄浑瑰丽的瀑布跌水，从室内的高处奔向低处，欢悦奔腾的景象犹如交响乐一般此起彼伏，让人心潮澎湃，欣喜若狂。在道家思想中“水”的营造主财运，对室内空间起到增运作用。种类繁多的石材具有丰富的纹理与千姿百态的形态，丰富了室内的情趣。自然石材的纹理有的犹如山川中的云烟，有的犹如行云流水，有的宛若惊涛骇浪……构成了自然的山水画，让人身临其境地观赏自然赐予人类的佳作，更增加了人们对大自然的向往与憧憬。在进行返璞归真的室内材料的选择与营造时，道家思想五行观“金、木、水、火、土”与自然材料亦能对应：木、竹、藤秆代表道家五行观中的“木”；水代表道家五行观中的“水”；石代表道家五行观中的“金”。道家思想认为“金、木、水、火、土”是构成世界万物的基本元素，木、竹、藤、水、石材料的引入对室内的营造能够激起了人们在室内空间中向往自然的天性，并能在建筑内部空间里也能与自然零距离的接触、亲近，返璞归真，回归自然。

在众多室内的营造与自然相隔离的情况下，道家思想的返璞归真在室内材料中的运用，完全符合人们潜意识下对大自然的渴望的需求。室内自然低碳环保生态的本土材料的营造，表达出道家施法自然、回归自然的思想境界。施法自然、返璞归真的室内自然材料的营造，让人感到无限的温馨、舒适与愉悦。

4.2 “阴阳调和”思想与建筑环境材料营造

4.2.1 “阴阳调和”思想与建筑材料营造

前面一节已经分析了在道家“返璞归真”思想下，建筑所运用的材料主要有：土、石、木、竹、秸秆等等。由此不难看出，我国建筑材料的营造也遵循了道家“阴阳调和”之思想。

道家“阴阳调和”的整体思想在建筑自然材料中得到很好的营造：石可归为“阳”；土、木、竹、秸秆等可归为“阴”。石淳厚质朴，具有坚韧、沉静与耐久性强的特性，所以属“阳”性。由于我国受道家思想影响，文化倾向以内敛、谦逊与阴柔表达为主，建筑是文化传承的重要方式，所以石材在我国传统建筑中并不多见。土、木、竹、秸秆属“阴”，土与石的根本区别是土不具有刚性的联结，物理状态多变，力学强度低，所以属“阴”性，土经过加工与处理，其柔性在建筑营造中也能很好地表达；木、竹、秸秆是富有生命的植物，经过加工处理成为建筑材料，是具有人情味的建筑材料，让人愿意去触摸，给人以亲和力。木、竹、秸秆由于自身含有一定的水分，具有韧性，所以给人以阴柔的感觉。木柔美的特性与道家阴柔思想相结合，我国建筑传统材料主要选取木作为主料，并且我国传统建筑由屋顶、屋身和台基3个部分构成。其中富有特色并能体现我国建筑特点的屋顶表现得尤为突出，屋顶的结构就是采用木材搭建而成，并且屋顶构成的线条十分的柔美，“如鸟斯革、如翚斯飞”[1]的诗句就是对其恰如其分的描述。木材阴柔的属性将屋顶的柔美展现得

---

[1] 周振甫 译注，诗经，中华书局，2002.

活灵活现，犹如优美的大鸟落于建筑之上，展翅飞翔（图 4-3）。木质优美曲线的屋顶展现了中国传统建筑的静谧气质。在中国建筑学术探索中，屋顶几乎是传统建筑的标志。我国传统建筑木结构的体系中梁与柱为其主要结构框架，这也可说是我国木结构建筑所独有的。结构的组合占建筑面积较小是木结构建筑的优点，因此建筑的空间不封闭，具有开敞性。由于梁与柱在传统建筑中参与了承重，所以建筑中的墙是不起承重作用的，墙起到了围合的效果，这样墙可以比较灵活地在建筑中营造。木材的阴柔性与我国传统建筑中的榫卯柔性结构相连接，柔韧性加大，有利于地震灾害的抗震作用。我国木材料所独有的榫卯结构也体现了道家“阴阳调和”的思想。榫卯是木质构件上所采用的一种凹凸结合的连接方式（图 4-4）。凸出部分叫榫（或榫头）；凹进部分叫卯（或榫眼、榫槽），榫和卯咬合，起到连接作用。这是中国古代建筑结构的主要结构方式。榫和卯构成了榫卯结构，它们是木件的阴与阳的结合、凹与凸的结合、穿与插的结合，将建筑的木构件稳固地营造于建筑之中。最基本的榫卯结构由两个构件组成，其中一个的榫头插入另一个的卯眼中，使两个构件连接并固定。榫卯互相结合，互相支撑，充分表达了道家阴阳和合之思想。木材料在我国建筑中的广泛营造，体现了我国建筑的生命力。

图 4-3　柔美曲线木质屋顶
（来源：作者拍摄）

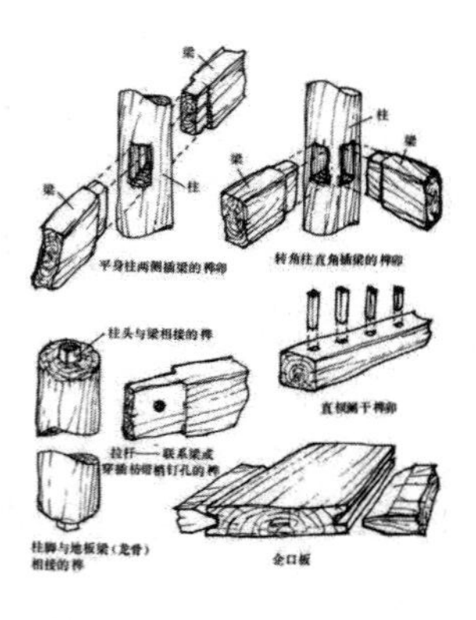

图 4-4　木材建筑榫卯
（来源：《中国建筑史》）

土、石、木、竹、秸秆等材料在建筑中的营造是道家阴阳调和整体思想的体现。土、石、木、竹、秸秆等材料虽为阴阳两方面，具有相互对立性，但在对立中又存在着双方的相互依存、相互渗透甚至相互联结、相互统一的整体协调平衡关系。阴阳属性，没有绝对的阴与阳，只是相对的，由于这种相对性，将阴与阳相互转化，在建筑材料中的道家阴阳调和思想的应用充分体现了整体观的解读。

4.2.2　“阴阳调和”思想与园林景观材料营造

在道家“返璞归真”思想影响下的园林景观材料的运用前面一节已经做了分析，其主要材料有：（木）植物、土、山石与水等等。由此可看出，园林景观材料的营造也遵循了道家“阴阳调和”之思想。

园林景观自然材料依据道家“阴阳调和”的思想可分为两类：（木）植物、土与水可归为“阴”；山石等可归为“阳”。园林景观中山与水在材料中占有很大的分量，因此在这里重点解析一下山与水的阴阳调和。山因水而幽，水依山而活，二者往往相辅相成，紧密结合，相得益彰。园林景观中水池一般都濒临着假山，或以水道弯曲而折入山坳，或由深涧破山腹而入于水池，或山峦拱伏而曲水潆流……凡此种种，都符合“山脉之通按其水境，水道之达理其山形”的阴阳调和观。水是阴柔的并且流动、不定形的，因此为“阴”性；其与山石的稳重、固定的“阳”性恰成鲜明对比。山与水的营造根据地形地势，叠山理水手法多变，适宜地形，彰显内涵。自然界的山岳以其丰富的外貌和广博的内涵而成为大地景观的最重要的组成部分。山石的营造在园林景观中是一项最重要的内容，历来园林都极为重视，是园林造景中非常重要的内容。园林的叠山既有山的形态和气势，又有石的变化和趣味，山含石性，石在山中，雅俗共赏；既有景可供静观，又能引人发思，有景，有境，情趣无限。山石的重要性表现在山体高大的体量和宏阔的气势，所谓的“虚怀若谷”正是把人类宽大的心胸比作深邃旷达的山谷，是人们对理想品格的赞美与道家“阳刚之气”之体现。植物也属“阴”性。植物与园林中山石的结合营造亦表现了道家“阴阳调和”思想。植物与山石的配置，一般以表现石的形态、质地为主，不宜过多地配置植物。有时可在石旁配置一两株小乔木或灌木。在需要遮掩时，可种攀缘植物；半埋于地面的石块旁，则常常以书带草或低矮花卉相配；溪涧旁石块，常植以各类水草，以助自然之趣；如在地形略有起伏的草坪上，半埋石块或立一玲珑剔透的太湖石……植物与石的配置阴阳协调，疏密相间，曲折有致，高低错落，色调相宜。

（木）植物、土、山石与水等材料在园林景观中的营造是道家阴阳调和思想的体现。植物与山石相结合，水与山石相结合，阴阳协调，相互依存，相互渗透，相互联结，相互统一，协调平衡。（木）植物、土、山石与水等材料在园林景观中的组合营造充分体现了道家阴阳调和思想的整体观。

4.2.3 “阴阳调和”思想与室内材料营造

在道家“返璞归真”思想影响下的室内材料的运用前面一节已做了分析，其主要材料有：木、竹、藤、水、石等等。由此可看出，室内材料的营造也遵循了道家“阴阳调和”之思想。

室内自然材料的阴阳调和，让人感到像走进一种特定的境界，一时之间也抚平了现代人惶惶不安的生活情绪，让心灵得到与自然气息相通的纾解。室内自然材料依据道家“阴阳调和”的思想可分为两类：木、竹、藤与水可归为“阴”；石等可归为“阳”。木、藤、竹是富有生命的，它们的肌理凹凸、粗糙、细腻，富有质感，每一个木、藤与竹的肌理都是独特的，呈现着它们自身的生命力。木、藤、竹被伐后，它们的体内拥有细胞，其生命其实还在延续，只是不能生长，当室内环境的湿度升高时，室内环境中的水分被它们体内的细胞所吸收，而当室内环境的湿度降低时，木、藤、竹的细胞又能释放存在它们体内的水分。木、藤、竹的这一收一放犹如会呼吸的生命体，因此室内木、藤、竹制品蕴藏着生命。木、藤、竹等由于是自然之物富有生命，在室内材料的营造时可将其富有生命的材料的肌理充分地表达与体现。由于木、藤、竹的材料纹理是生命的展现，所以其材料的优美、清晰的纹路应进行充分的表达，因而材料可以只是刷涂一些清漆来保持木、藤、竹原本色。属“阴”性的木、藤、竹材料富有生命力，并且具有天然的温度与触感，让人容易亲近，具有很好亲和性。木、藤、竹的自然植物清香在室内散发，使用者则每天都能呼吸到、感受到。人们在冰冷没有人情味的高楼大厦中疲惫工作一天之后，回到家看到柔性的自然木、藤、竹材，心情便是一种释放与愉悦，温馨无比，轻松自在，恣意呼吸。希望与大自然亲近正是人类内心渴望自然的潜在意识，木、藤、竹材的阴柔让人们在室内同样感受到自然的气息，身临其境，与自然零距离接触。木、藤、竹材以自然的风格、趋近人性、素朴中孕育雅致，让室内空间舒适、明快，成为具有生命力的会呼吸的室内人性元素。室内陈设家具以木（阴）为主，有的表面上还镶石（阳）等，阴阳结合极为优美。家具的雕刻也有阴阳面，每一雕刻图案，不论人物、花草、鸟兽、器物皆有阴阳向背，枝枝脉脉，交代清楚，自会生动；每一凹凸、阴阳交错之处，刻画到位，立体感自出，阴阳辩证之真而至臻至美。水也是属“阴”。水，虽然没有固定的形状，却能适合各种形状的需求。水的阴柔在室内给人以平静、幽深之感，并且增添了室内的生气与活力；在喧闹的城市中，水的柔美给人以心灵的自我沉淀空间。水是无形、流动的，在某些时候打破建筑的冷酷感，水是灵活的，在室内的空间中水的运用灵活多变，并灵活与自然洒脱地将室内的空间进行联系。室内空间的不同与场所的不同和使用性的不同，水时而分时而合变化莫测，水展示了阴柔多变灵活无限的特点。石为“阳”性，室内材料石材的选取上，一改往日石材生硬冰冷的感觉，以温馨自然的形象开始在室内装饰呈现。人们把石头请进家里，多姿多彩的石材，给居家布置又增加了一个新亮点。如石材墙面一般都有着漂亮的肌理效果，石材地面朴实的质感……石材的饰物更是显现了古朴与稳重。

室内中木、竹、藤、水、石等材料的组合在营造中相互对立，但在对立中又存在着相互依存、相互联结、相互统一的整体协调平衡关系，是道家“阴阳调和”整体思想的体现。

4.3 “阴柔”思想与建筑环境材料营造

4.3.1 “阴柔”思想与建筑材料营造

道家返璞归真思想的影响下，我国建筑所运用的自然材料主要有：土、石、木、竹、秸秆等等。根据道家“阴阳调和”整体思想将这些自然建筑材料进行划分：石可归为“阳”；土、木、竹、秸秆等可归为“阴”。由此分析得出，我国自然建筑材料以“阴”为主，“阳”为辅。我国建筑材料以“阴”为主，道家主张清心寡欲，见素抱朴，无知、无为、无欲、不争、贵柔、守雌、主静，符合道家“阴柔”的思想。

按照道家的五行观，即金、木、水、火、土，并且这五行与西、东、北、南、中五个方位相一一对应。五行观中，土代表中央，承载并孕育着所有生命的大地，这样，土在五行中的地位极为重要。五行中的木，代表的是春天，是东方，是象征生命与生长的力量。因此看出，由于道家思想与我国文化的影响，五行观与五种材料中土与木是最为适合构筑为人所用的建筑的，正因为如此，我国传统建筑材料基本以“土”与“木”为主。我国传统的建筑由“土”的材料铸成台基，木材构筑梁架、屋顶、柱子等围合建筑的空间（图 4-5）。由此也确立了我国建筑材料以“阴”为主的特性。引用梁思成先生的一句话“中国木构体系竟能在如此广袤的地域和长达四千年的时间中长存不败，且至今还在应用而不易其基本特征，这一现象，只有中华文明的延续性可以与之相提并论。因为，中国建筑本来就是这一文明的一个不可分离的组成部分。”[1] 这句话非常明确地讲到了我国文化、建筑以及木结构的关系。我国的木结构建筑在漫长的时间里，缓慢而有序地发展着，虽然木结构体系有着各种的变化与发展，不管木体系如何的变化发展，墙虽倒而木体系不倒的建筑木材的柔韧性，以及道家“阴柔”思想在木构建筑的基本特征却一直保留着。我国传统的木建筑保留至今且保存完好的有：故宫紫禁城的太和殿是中国最高等级的历史建筑；山西五台山南禅寺和佛光寺是我国现存最早的唐代木结构古建筑；北海小西天主殿是我国最大攒尖顶殿宇；应县佛宫寺释迦塔是现存世界最高、最古老全木结构高层塔式建筑，等等。竹子在建筑中的使用，已拥有相当久远的历史。我国原始的“巢居”开始竹子至今仍为人们广泛地运用。由于北方竹子产量少，北方竹子在建筑中的使用较少；但由于在我国的南方盛产竹子，所以将竹子材料运用到建筑中尤为常见。竹子材料在建筑中承担着各种的角色，《粤西琐记》有云：“不瓦而盖，盖以竹；不砖而墙，墙以竹；不板而门，门以竹。其余若椽、若楞、若窗牖、若承壁，莫非竹者。”[2] 足以说明竹子材料的重要性。竹建筑体现了我国传统道家思想的阴柔的文化，质朴崇简、返璞归真的生活情调，自然纯朴和谐的审美选择。土也是属阴，我国生土材料的运用在建筑中也较为广泛。生土建筑分为：窑洞，主要分布在中国西北黄土高原的山西、河南、甘肃等省；夯土建筑，分布在中国沿黄河以北的半干旱地区，如河北省、东北三省一些地区和内蒙古等地；土坯建筑，分布在我国北方，土坯技术是典型的构造方式，天然的、干燥的土坯砖是由黏土、草泥胶合在一起用手工在砖模中建造的。我国生土建筑材料运用中，窑洞建筑是其典型的代表。窑洞是我国西北黄土高原比较古老的建筑建构，

[1] 梁思成，中国建筑史，百花文艺出版社，1944：115.

[2] 沈曰霖撰，粤西琐记，上海古籍出版社，1990：26.

这种古老的西北高原中运用“土”的建构具有将近4000多年的历史。我国的西北由于拥有非常厚的土层的自然优势，富有智慧的中国人利用当地的自然资源“土”加以利用，创作出了窑洞建筑（图4-6）。窑洞建筑，冬暖夏凉，湿度适宜，自然生态，可称为绿色环保的建筑形式。黄土高原的地理环境与气候塑造了窑洞这特殊的建筑形式，阴柔道家思想文化与当地材料相结合，沉积了古老的黄土地深层文化。

图4-5　中国木材古典建筑
（来源：《中国建筑史》）

图4-6　窑洞建筑
（来源：作者拍摄）

道家阴柔的思想影响我国建筑材料的选取与应用，表达了天、地、人的和谐观，建筑更具有亲和力，让人内心感悟世界的宁静、无欲、不争的“阴柔”境界。

4.3.2 “阴柔”思想与园林景观材料营造

道家返璞归真思想的影响下，我国园林景观所运用的自然材料主要有：木（植物）、土、水与山石等等。根据道家“阴阳调和”整体思想将这些自然园林景观材料进行划分：石可归为“阳”；木（植物）、土、水等可归为“阴”。由此分析，我国自然园林景观材料与建筑材料一样，以“阴”为主，“阳”为辅，符合道家“阴柔”的思想。

我国传统园林园中景观乔木并不多见，多灌木、藤本和一些草本、水生植物，彰显道家谦和、贵柔的思想。在中国，人们比较普遍采用竹来建造园林，竹蕴含了中国传统阴柔文化的特点，长久以来，园林中采用竹为主要材料的不胜枚举。《拾遗记》中关于竹子的记录“始皇起虚明台，穷四方之珍，得云冈素竹”，这是人们对以竹造林最原始的记录。中国园林从魏晋、南北朝开始，逐步成长，例如，北魏的“华林园”，有诗记载“竹柏荫于层石，绣薄丛于泉侧”。唐宋时期，中国园林发展进入鼎盛时期，例如“独乐园”和“竹里馆”都是竹子建造的，南宋周密有关竹园的记录收录在《吴兴园林记》中，以竹造园已经发展到顶峰。造园家采用竹子造出的优美园林，典型代表为清代扬州个园、广东清晖园竹苑和明代金陵万竹园。我国园林的亭台楼阁和桥的材料主要以木、竹与土为主，不靠华丽取胜，不靠怪诞引人，而是靠朴实、文秀，以及优美的韵致曲线取胜，体现了我国文化思想内涵中阴柔的属性。园林中的亭台楼阁临水而建，水中倒影、花树掩映，衬托着飞檐翘角的曲线屋顶，以其美丽多姿的轮廓与周围景物构成园林中柔美的画面。道家的老子曰“上善若水，水善利万物而不争。”由此可看出水无为、无欲、不争、贵柔的特性。“天下莫柔弱于水，而攻坚强者莫之能胜，以其无以易之。弱之胜强，柔之胜刚，天下莫不知，莫能行。”[1]这是老子对水的观点，换而言之，水是全世界最柔软的东西了，可是它又是全世界攻击性最强的东西。弱胜过强，柔胜过刚，这是水的特性，世界上最柔的可以说是水，而世界上最有韧性、最能攻克坚固物体的也是水，柔软的水长久地滴石，就能将石头滴穿，而坚固之物却不能将水流阻断，一滴水，只要不断汇集就能集聚强大的力量，无坚不摧，这根源就在于水以柔性来克刚。传统园林景观有相应较大的水面，柳植水边，三五成行，枝条疏修，长条拂水，高可侵云，柔情万千，饶有风姿，颇多画意。

我国园林景观主要以木（植物）、土、水等为主要材料，营造更加舒适宜人的园林环境，树木高低参差，桥迂回蜿蜒，收放自如，亭台山石交错通达，极富立体感与韵律美；园林植物袅袅依然，几许暗香袭来，碧水环景，景中含诗，浓情墨意，石水叠景，复廊委曲，细腻舒适，绘出与世无为、无欲、不争、柔美恬静的水苑之景。

4.3.3 “阴柔”思想与室内材料营造

道家返璞归真思想的影响下，我国室内所运用的自然材料主要有：木、竹、藤、水与石等等。根据道家“阴阳调和”整体思想将这些自然室内材料进行划分：石可归为“阳”；木、竹、藤、水等可归为“阴”。由此分析得出，我国自然室内材料以“阴”为主，“阳”为辅，与道家“阴柔”的思想相符。

中国传统室内材料多采用实木，讲究雕刻，造型典雅，纯朴浑厚，床、桌、椅、几、案、柜等都用木材做成，用料讲究，善用紫檀、楠木、花梨、胡桃、酸枝木或大叶檀木等高档木材，表面施油而不施漆，体现木材的自然与柔性美。中国传统家具与西方家具不同，西方家具以繁杂的花饰让人眼花缭乱，而中国传统家具则不然，它更侧重于家具的外轮廓的柔美的变换，并根据不同的木材特性塑造不同的曲线轮廓，阴柔曲线美感由此而产生。中国传统家具中的椅背“S”形，符合人体工程学，又给人以阴柔之感；家具中柔美的线脚的变化，曲线与面相互进行搭配，组成变化多端、富有趣味的柔美形状，塑造出家具鲜明的柔美情趣（图 4-7）。室内中的木质匾幅、屏风与博古架和盆景是寻求一种阴柔的修身养性的生活境界。传统室内的木质门、隔窗、屏风等细节崇尚自然情趣，花鸟、鱼虫等精雕细琢，富于变化，充足体现出中国柔美的一面。家具陈设重视文化意蕴，配饰擅用字画、古玩、卷轴、盆景加以点缀，更具有浓厚文化韵味和独特风格。竹子与水在室内布置成淡雅、简朴的环境，体味“和、静、清、寂”的精神旨趣。室内中竹子与水的结合体现柔美的环境，表达沉静、优雅、纯洁的气氛。我国汉代以前，高足家具

[1] 老子，道德经，金盾出版社，1999：11.

还没有出现，人们坐卧用家具多为席、榻，其中就有藤编织而成的席，藤的柔性可想而知。藤材料在室内营造时选取自然弯曲、拥有古朴的天然纹理的藤作为始料。采用藤材料的家具，比较常见的是，靠背扶手一体化，或者靠背扶手及前腿一体化，这是由于藤材料易于弯曲，并且这样的家具相对来说比较圆润，呈流线型。石材在室内有时营造过于刚硬时，以木、竹、藤与水相结合，会将石的刚硬大大降低，这就是木、竹、藤与水以其柔性来克石之刚性的奥妙。

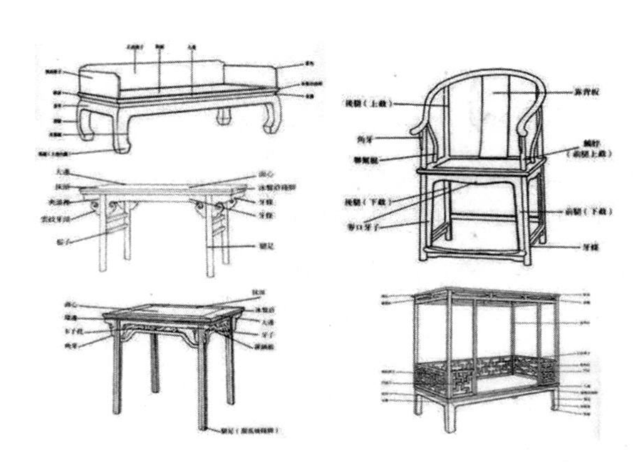

图 4–7　中国木质传统家具柔美曲线

（来源：《中国传统家具》）

室内中“自然、淡泊、雅静”的阴柔境界，是中国道家文化在室内中蕴意的体现，也是中国人对大自然的柔美的追求和向往的表达。

4.4　本章小结

本章从道家思想与建筑环境营造的材料方面进行解读。道家思想在建筑环境材料方面主要表现为：返璞归真、阴阳调和与阴柔。返璞归真方面，在建筑材料营造中，要从我国地域性与民族性的历史文化流域中寻找符合我国特色的建筑材料，用低碳环保生态的本土自然建筑材料表达我国本土特色；园林景观中自然材料最充分、最完全地体现了这种“无为而无不为”的“道”，在大自然中造就了一切；道家思想的返璞归真在室内材料中的运用，完全符合人们潜意识下对大自然的渴望和需求，让人感到无限的温馨、舒适。阴阳调和方面，在建筑材料中的道家阴阳调和思想的应用充分体现了以整体观解读阴阳属性，没有绝对的阴与阳，只是相对的，由于这种相对性，将阴与阳相互转化；（木）植物、土、山石与水等材料在园林景观中的营造是道家阴阳调和思想的体现；室内自然材料的阴阳调和，让人感到像走进一种特定的境界，让心灵得到与自然气息相通的纾解。阴柔方面，金木水火土是人们青睐的几种材料，其中，土和木在建造房子时，更多被人们使用，由此也确立了我国建筑材料以“阴”为主的特性；我国园林景观主要以木（植物）、土、水等为主要材料，碧水环景，景中含诗，浓情墨意，石水叠景，复廊委曲，细腻舒适；室内中“自然、淡泊、雅静”的阴柔，是中国道家文化在室内中蕴意的体现，也是中国人对大自然的柔美的追求和向往的表达。本章从道家思想对建筑环境材料的营造进行研究分析，对当代的建筑环境我国本土文化材料的营造具有借鉴价值。

道家思想的“返璞归真”、“阴阳调和”、“阴柔”观，在建筑环境中体现为自然生态、整体、内向性的材料观，这三种典型的道家思想在中国建筑环境材料的表达中传承与嬗变。

受工业革命的影响，近现代我国与发达国家建筑环境的材料主要以冰冷的没有人情味的水泥、钢材为主，当人们面对自己所居住、生活、工作的城市时，感觉不到家的温暖，也没有一丝的“归属感”。人们从原始社会开始就以自然的材料作为建筑环境的原材料，经过工业材料的大量涌现后，现代建筑环境材料营造中人们又重新向往自然，对大自然充满着憧憬与依恋，“返璞归真”的道家自然生态思想又重新地让人们对现代的建筑材料获得认识与思考。“返璞归真”的思想在现代建筑环境材料中体现为材料的可循环运用与材料的“人情味”：材料的可循环利用方面，自然材料来源于自然，当在建筑环境中完成其使命后，自然生态材料又能够回归自然，不会产生建筑环境垃圾危害人类健康，对人类的发展是持续与再循环的过程；“返璞归真”材料的“人情味”方面，自然生态的材料是具有生命的，是大自然赋予其生命力，它们的纹理是它们的表情，它们的温度让人们容易接近，具有亲切感，现代化、工业化的建筑环境材料的营造不能给人们以归属感，也不能让人们在忙碌奔波后的心灵得到完全的放松，但是返璞归真的自然生态材料可以满足人们回归自然、与大自然亲密接触之情，心灵的归属感油然而生。在马德里与隈研吾的竹屋中建筑环境材料的营造都体现了道家“返璞归真”思想的运用。马德里的竹屋将夏天的高温与强光和冬天的风雪与寒冷阻挡在建筑之外，竹子紧密地编织在阳光之下，色彩质朴，体现着自然之美。隈研吾的竹屋位于长城脚下，竹子横竖紧密的排列让人在其中犹如在竹林中穿梭一般，阳光透过竹子之间的缝隙洒落室内，给人以静谧、深远之情，体味自然回味自然。“阴阳调和”的道家思想在建筑环境材料中的营造体现为整体思想运用。我国传统的建筑环境中木材的榫卯结构也体现了道家“阴阳调和”的思想。榫卯是木质构件上所采用的一种凹凸结合的连接方式。凸出部分叫榫（或榫头）；凹进部分叫卯（或榫眼、榫槽），榫和卯咬合，起到连接作用。这是中国古代建筑结构的主要结构方式。榫和卯构成了榫卯结构，它们是木件的阴与阳的结合、凹与凸的结合、穿与插的结合，将建筑的木构件稳固地营造于建筑之中。最基本的榫卯结构由两个构件组成，其中一个的榫头插入另一个的卯眼中，使两个构件连接并固定。榫卯互相结合，互相支撑，整体协调，充分表达了道家阴阳和合整体之思想。“阴阳调和”的整体道家思想在我国常用的自然材料中，石可归为“阳”；土、木、竹、水等可归为“阴”，阴阳结合，协调统一。“阴阳调和”的道家整体观在建筑环境材料的营造中阴阳协调，整体营造，体现着自然的和谐。石与土的结合构成了我国建筑环境营造中连接材料之间必不可少的连接物；石与木材料的结合营造出我国经典的传统建筑；石与水的结合营造出我国园林景观中大自然的缩影……“阴阳调和”的道家整体观在建筑环境材料的营造中起着重要的作用。“阴柔”的道家思想在建筑环境材料营造中体现着中国的内向思维。我国的阴性材料的运用多于阳刚材料的运用。道家的五行观中，土代表中央，承载并孕育着所有生命的大地，这样，土在五行中的地位极为重要，并且土属于阴性。五行中的木，东方为木，是象征生命与生长的力量。因此看出，由于道家思想与我国文化影响下的五行观与五种材料中，土与木是最为适合构筑为人所用的建筑的，正因为如此，我国传统建筑材料基本以“土”与“木”为主。建筑环境中“土”的材料铸成台基，木材构筑梁架、屋顶、柱子等围合建筑的空间，由此也确立了我国建筑材料以“阴”为主的特性。我国建筑环境材料的选取以阴柔为主，也是由于阴柔的材料具有亲和力，并且符合我国的思维是以内向性为主的倾向，内向性思维不善于表露，以柔和内敛的材料来营造建筑环境。我国建筑环境材料的营造不仅仅体现在材料选取以阴柔为主，而且还在建筑环境材料的造型上也体现了阴柔。我国传统建筑中大屋顶的造型表现阴柔的形象，屋顶的结构就是由木材营造而成，并且屋顶柔美的线条将屋顶勾勒得生动而富有动感；我国的传统家具的造型也多用曲线，既美观又符合人体工程学，家具柔美的线脚，富有趣味、变化多端，体现阴柔之趣。现代建筑环境营造中材料由以前的冰冷、没有人情味的材料也逐渐转变为运用阴柔材料来营造建筑环境，赋予建筑环境以情感的表达。如我国的国家游泳中心“水立方”的材料采用柔和的膜结构，但是其蓝色的外立面兼具柔软与结实，以材料的质感来表现对建筑环境的阴柔。“水”在材料中属于阴柔，如老子的“上善若水”、“水善利万物而不争”，表达出“水立方”的阴柔。POLYGON 俄罗斯莫斯科第一个活动概念房屋就是用木材料建成，体现木材的环保、健康与阴柔的亲和力。日本的“终极别类木屋”，藤本壮介采用木材的阴柔亲和力，让人们在柱子、横梁、基座、外墙、内墙、天花板、地板、隔断、家具、楼梯、窗框……都由木材堆砌营造的建筑中去体验、发现，找到自己的舒适空间所在，这个作品就是因为材料选取的是木材，具有阴柔的亲和力，人们愿意去体验探索，如换成冷冰冰的钢筋混凝土，没有人愿意在“终极别类木屋”里多待一分钟，这个作品可以体现阴柔的自然材料的选取对建筑环境的营造至关重要。

道家的“返璞归真”、“阴阳调和”、“阴柔”观从建筑环境营造材料的不同方面影响着建筑、室内与园林景观的营造，但总起来说基本体现为自然生态、整体、内向性的材料理念。道家自然生态、整体、内向性材料理念对我国的建筑、景观园林与室内的布局营造有着非常重要的指导意义。

第5章　建筑环境布局营造的道家解读

5.1　道家“风水观”与建筑环境布局营造

5.1.1　道家“风水观”与建筑布局营造

美国风水学博士尹弘基在1989年出版的著作《自然科学史研究》中说:“风水是为找寻建筑物吉祥地点的景观评价系统，它是中国古代地理选址布局的艺术，不能按照西方概念将它简单称为迷信或科学。”[1]晋代的郭璞在其著作《葬书》中提到:“葬者，生气也。气乘风则散，界水则止。古人聚之使不散，行之使有止，故谓之风水。”[2]道家的“风水”思想对建筑的布局起着指导性的作用。建筑布局运用风水理论，如建筑大门要设在得“气”之处，建筑的大门前有路或有水环抱而至，则为好的风水，因为对于建筑来说，交通便利，有利于对外交流，并且风景优美，可以吸引人来。但是建筑的大门如营造在封闭的地方,“风水”则不佳，因为不利于对外的交通，不能引起人们的注意，少有人来，没有人气。风水中的“气”为人气和自然之气，有利于人们交通的集聚与空气的流通。乘风顺水的建筑为好的风水，中国建筑布局的营造要聚天地之灵气，藏风聚气。

建筑与风水的关系，是一个十分复杂的问题，道家思想的风水与方位的表示有：八卦中的震、离、兑、坎分别代表了方位的东、南、西、北；建筑与风水方位的对应还有青龙、朱雀、白虎、玄武，分别代表了方位的东、南、西、北四方位；五行中的金、木、水、火、土，分别代表了方位的西、东、北、南、中，等等，但归根到底一句话，建筑与风水即形与神的关系。要使建筑布局风水做到形神俱佳，选择地理环境优越、植物生长茂盛、水资源丰厚、自然灾害发生频率低、空气纯净、交通便利的地方为佳。建筑的形，即建筑的形体结构；而建筑的神，即为建筑环境中天、地与人的和谐统一而共处的关系，形象地来说就是建筑环境的使用者（人），建筑所在的环境如建筑的选址、建筑的自然环境（自然的山、自然的水、植物等等）、建筑的人为环境（建筑周围的交通、道路、桥梁与周围的各类建筑物等），建筑内部环境，即为室内的方位、采光、陈设、布局等等的和谐营造。我国建筑环境的风水极佳的建筑可数北京、南京、西安、开封、杭州与洛阳等等，由于从天、地与人的综合考虑，

---

[1] 尹弘基，自然科学史研究，东南大学出版社，1989：127.

[2] 郭璞，葬书，广西人民出版社，1966：9.

图 5-1 道家负阴抱阳建筑布局
（来源：王大有，图说太极宇宙）

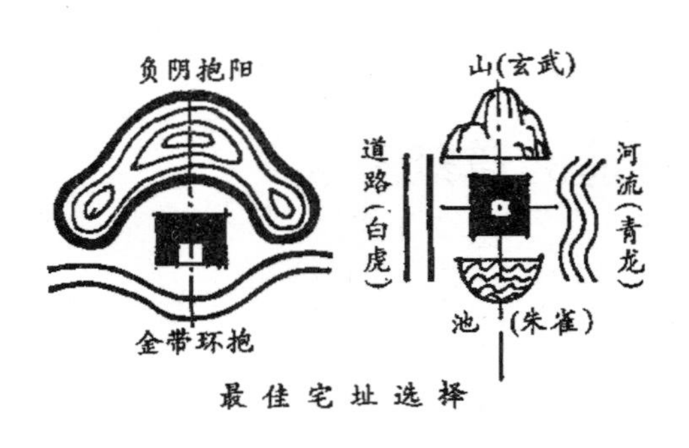

这些地方的建筑具备了神与形的结合。我国海口的国际交易中心的建筑由会馆、写字楼、宾馆等三个建筑空间构成。由于建筑多个空间的组合，容易给人产生的感觉为建筑空间不易集中而产生的分散感，很难成为具有集中力的城市公共空间。在运用了道家思想风水观与此建筑相结合后，成功地解决了这个难题。这个方法即为运用九宫格与风水结合使建筑的空间既可以分隔又有着联系。以风水观“吉地建屋，凶地少用或不用”，再与九宫格相组合，对建筑进行营造。东与北方位吉宜营造高层建筑，可构建写字楼，南方位为中性可建设宾馆与会馆相关的辅楼等，西方位为凶地可以建设低矮的建筑如会馆和广场。这样综合考虑，将会展、写字楼和宾馆综合布局，各建筑既有联系和共有的公共空间，又相对的独立，既分离又联系加强建筑的统一性，疏密得当的布局，建筑的功能与形式张弛有度，并且对以后的建筑的二次发展留有空间。建筑结合当地的风水，追求与自然相和谐共处。风水观中对建筑的营造要求左右与高低要均衡营造，左青龙、右白虎、前朱雀、后玄武的建筑布局方式即为统一与协调（图 5-1）。风水讲求和谐，与自然相协调而不是与自然相悖，这也是道家思想风水观的真正含义所在。自然中的事物为高低相配，疏密相匹，追求平衡，这也正是与风水观相一致。我国建筑布局运用“风水”讲求坐北朝南，这与我国的气候相关——可以将北风屏蔽，也有利于建筑的采光。我国的地理走势，决定了风的流向，这样也就影响着建筑的布局，形成了坐北朝南的建筑格局。我国风的流向在史书中也有记载，《史记·律书》云：“不周风居西北，十月也。广莫风据北方，十一月也。条风居东北，正月也。明庶风居东方，二月也。”❶

建筑的营造要与大自然的地理地质、气候环境、人为的交通道路、当地的人文风俗相互联系，相互组合，“风水观”就是将这些要素进行优化组合，与建筑相匹配，达到建筑与自然环境和人文环境统一和谐的布局关系。

5.1.2 道家“风水观”与中国园林布局营造

中国风水术源远流长，后代丰富而庞杂的风水观念与思想之文化初始，可以追溯到遥远的上古。上古自无所谓风水理论，然而有关风水的萌芽意识已经体现在原始营造活动之中。从考古发掘看，仰韶建筑遗址一般都出土在地理环境比较良好的区域——一般都向阳、凭山、借水。

风水对园林布局也具有很大的影响与指导价值，风水学来讲“水”是不可缺少的元素。园林中的水在园林风水布局中占很重要的地位，郭璞《藏经》

❶ 司马迁，史记·律书，中华书局，1980：156.

说："风水之法，得水为上"，就是强调水的重要性。先秦时期人们就把水视为大自然的组成部分，《管子·水地篇》说："水者，地之血气，如筋脉之通者也。"[1] 风水理论也是如此，《宅经》称住宅所处的环境应是"以形式为身体，以泉水为血脉，以土为皮肉，以草木为毛发。"[2] 园林理水中的水是园林生气的体现，《管氏地理指蒙》说："水随山而行，山界水而止……聚齐气而施耳。水无山则气散而不附，山无水而气寒而不理……山为实气，水为虚气。土逾高，其气逾厚。水逾深，其气逾大。"[3] 说明水与气脉是密切相关的。风水中相地先看水，宋代黄妙应《博山篇》说："凡看山，到山场先问水。有大水龙来长水会江河，有小水龙来短水会溪涧……水来处是发龙，水尽处龙亦尽。"[4] 说明水和龙脉是相伴而行的。古代风水学家研究山川形势，把山称为"龙"，观察山脉的走向、起伏，寻找聚气之势；他们也喻河流为"龙"，追寻水的源头和流向，由此产生"来龙去脉"之说。《博山篇》云："水尽穴，须梭织。到穴前，须环曲。既过穴，又梭织。若此水，水之吉。"强调园林布局水之情形必须弯曲环抱，最忌直去无收。《博山篇·论水》中又说："洋潮汪汪，水格之富。弯环曲折，水格之贵。"[5] 蒋平阶《水龙经》亦曰："自然水法君须记，无非屈曲有情意，来不欲冲去不直，横须绕抱及弯环。""水见三弯，福寿安闲，屈曲来朝，荣华富饶。"[6] 可看出，园林景观在对水的营造方面以曲代直，曲曲折折，若隐若现，将园林之景环抱，风水观中园林中的弯弯之水之内称之为吉地。风水中崇尚婉转缓流之水，最忌咆哮湍急之水。《博山篇·论水》中说："水为朱雀，亦有贵局。有声为凶，无声为吉。"这是有道理的。在园林水的布局中，水流太快的话，那么水中的杂质、砂石等就不易沉积，这样水就以浑浊为主；而且水的声音大也影响人们的休息。医学研究表明，要使大脑处于完全的休息状态，外界环境中的声音刺激越小越好。水徐徐流淌，悄然无声为人们营造了一个幽静的环境氛围，由于园林理水是让游赏者体会到水之美、水之韵，如是湍急之水就会破坏园中之意境。所以园林理水一般采取了这种来回曲折的方式，既可以有效增加水流的长度，降低了水的噪音，又能使得园林意境提升。因为水在中国文化中有着特别的含义，它通常被看作是财富的象征。"补水"是中国园林布局获得好风水的重要途径之一。中国传统园林特别讲求形局完美，对某些在形局或格局上不太完备的园子，往往要采取一定的补救措施，"引水聚财"就是其中的一种重要手段。没水的园林就需要引水入园，"荫地脉，养真气"来聚财兴运。《地理或问·叙》说："山必开阳而后有生气聚，水必弯曲而后生气留，山必有起伏、转折活动而后有生气，水必停蓄之而后有生气。"可见，园林布局中的水要曲、折、储，

[1] 谢洮范、朱迎平译注，管子·水地篇，贵州人民出版社，1996：27.
[2] 王玉德等编著，宅经，中华书局出版，2011：19.
[3] 管辂，管氏地理指蒙，华龄出版社，2009：32.
[4] 沈镐，博山篇，内蒙古人民出版，1981：9.
[5] 沈镐，博山篇，内蒙古人民出版，1981：18.
[6] 蒋平阶，水龙经，海南出版社，2004：66.

才能聚气；园林山石布局要有起伏，使得园林的布局“活”而有灵气。园林布局中其他的元素如园林中的建筑、假山、植物、亭台楼阁等等也有一定的风水布局，园林景观中这些元素的营造布局最好结合园林中的自然环境地形而建，如东南与西南方向是自然采光的方向，所以东南和西南这两个方向在园林景观的营造时不宜构建太高的构筑物，而影响自然光的射入。园林景观中的假山在园林布局中最好将其摆放得离建筑相对远些，不然给人以压抑与急迫感，且假山之石力求平滑。

负阴抱阳是风水理论中国的基本观念，也是中国传统园林理水的基本择址形式。《老子》最早提出“负阴抱阳”的理念，说“万物负阴而抱阳”，后为风水学家和造园家借用成为风水学中园林布局的基本形式。“负阴抱阳”在园林布局中主要的意思就是背负高山（假山），面对江河（水面）。风水学中把山视为阳，水视为阴；山南为阳，山北为阴；水北为阳，水南为阴。风水理论认为理想的风水要达到坐北朝南、背山面水的条件，则为吉地。这也是具有科学的生态学原理的：背山有利于抵挡冬季北来的寒风，面水有利于生产生活，朝南便于获得良好的日照。所以历代风水师选址必“相其阴阳”，寻找“阴阳和合,风雨所会”之宝地。中国园林布局也应如此。风水理论《阳宅十书》云：“凡宅左有流水，谓之青龙；右之长道，谓之白虎；前有污池，谓之朱雀;后有丘陵,谓之玄武。为最贵也。”[1] 所以理想的风水环境是背负祖山，左有青龙、右有白虎二砂山相辅；前景开旷，有水流潺潺而流，曲折环绕而去；前方案山、远方朝山相对；砂山之外还有护山相拥；这样就形成一个四周有山环抱、负阴抱阳、背山面水的良好园林布局之择址。

5.1.3 道家“风水观”与室内布局营造

《黄帝宅经》曰:“宅者,人之本。人以宅为家,居若安即家代昌吉。若不安,即门族衰微。”[2] 由此看来室内对“风水”的营造显得尤为重要。

室内“风水”的布置主要是门、房、灶三大区域。室内风水一般都会和大门的布局联系在一起，大门位置的好坏在一定程度上影响了室内风水，如此设计的主要原因就是家人出行都需要经过大门，因此大门承担了连接室内和室外空间的作用，是家庭规避凶险的第一道屏障。根据风水学，进入大门之后见到以下三种是最好的：第一是开门之后看到红色的东西，包括屏风和照壁等，红色在中国代表着喜气洋洋和喜庆的意思；第二是开门见到绿色的东西，包括绿色的树木等，绿色能够在一定程度上扩展视野，也能让人有一种生机勃勃的感觉，可以舒缓人的心情，减少压力；第三是开门见福，包括蓝天、白云、小溪等一切美好的事物，这能够在一定程度上面体现主人的审美风格，同时还能够舒缓情绪。风水学中还要求开门五忌，第一是开门不能够见到门之类的，风水学认为开门见灶意味着火烧天门，意味着阻挡财运。

[1] 王君荣，阳宅十书，华龄出版社，2009：67.

[2] 张述任，黄帝宅经，团结出版社，2009：276.

第二是开门不能见到厕所等脏地方，风水学认为开门见到这些地方会给人带来不健康的霉运。第三是开门不能见到镜子，风水学认为开门见到镜子会将家庭的祥瑞之兆反射出去，很容易将霉运转移到自己身上。第四是不能够将横梁压在门上，风水学中认为这会给人带来一种压抑的风味，同时因为大门受到压制，暗示着家人会变得消极和压抑。第五是不能将大门建成拱形，拱形门代表着阴暗，会给家人带来不幸。进入大门之后第一个屏障就是室内玄关，玄关在室内空间风水中也是非常重要的，起到聚气、美化视觉空间等作用，这就好比是人的喉咙和舌头。玄关在安置过程中要求较为宽敞，不能够在玄关周围放置反光镜，也不能放置较为突出、尖锐的物品，尽量安置一些结构较为简单，线条较为简洁明了的物品。如果需要在玄关周围放置鞋柜，那么要保证鞋柜高度在 60 ~ 80 厘米左右，玄关上需要安置装饰品时需要注意以下几点：第一，如果玄关安置在北方，那么玄关上不能有和马有关的图案，北方寓意水，南方寓意火，玄关上有马的图像则是水火不相容；如果将玄关设置在东北方，那么就不能够使用和羊有关的图案；如果玄关设置在西北方向，那么不能在玄关上使用龙的图案；客厅在布局过程中也特别需要注意，客厅作为家庭活动最主要的地方，是整个家庭最为关键的地方，承载了接客、生活等众多功能，客厅布局往往能够体现家庭成员的精神风貌，同时也能够体现出主人的生活品位和追求，古人认为，客厅布局不在乎其有多大，而是需要在乎布局到底有多精致，品位有多高，客厅布局应该注重在前，而不是在后，客厅一定要保证良好的采光条件，同时还需要注意不能让走廊穿越客厅，这样既能保存客厅作用，也能巧妙地避开家庭隐私问题。在室内的营造时，如客厅不是很明亮，可以以鲜明的画来弥补其缺陷，如向日葵，给人以阳光之感，为黑暗的客厅添加色彩。在室内的营造时，吉祥的字画有：富丽的牡丹象征着富贵荣华，栩栩如生的锦鲤图象征连年有余，挺拔茂密的松柏图象征年年益寿等等，都能为不是很明亮的客厅带来生机与生气，这也可为室内风水的营造。主人对于房间的布局能够影响到主人的财运以及事业等各个方面，根据古代资料记载，房间主卧房间的布局也是非常重要的。主卧的位置以及采光布局还有颜色等都是非常重要的，这主要是因为主人大多数时间都是在卧室中度过的，同时卧室也是相对较为独立的地方，主人可以在卧室中享受自己的时光。一般来说主卧都是设置在东南或者西北方向，设置在西北方向能够体现出稳重和成熟，设置在东南方向能够体现出积极向上，卧室的床的设置也有讲究，要求：第一，床头不能靠在窗口，这样很容易造成睡眠质量降低。第二就是不应该在床头悬挂物品，这样很容易让人感觉到不安。第三是床头不能靠近厕所。第四是床头不宜放置梳妆台，因为镜子反光会让人感到精神恍惚。第五就是床不能对着门，这样很容易将隐私泄露。第六是不能在床顶悬挂灯饰之类的东西，很容易让人产生压抑的感觉。厨房对于室内风水来说也是非常重要的部分，因为家庭所有能量来源都是从厨房开始的，厨房风水的好坏能够直接影响到家庭成员的健康状况，因此厨房风水也是非常重要的。从地理风水角度来看，厨房需要安置在生气、延年、天医三吉方。因为厨房和一家人的健康、财运等息息相关，因此在选择位置时需要特别注意，一般都是将厨房选在东、东南这两个地方，因为这两个地方代表着木和火，和厨房紧密相连。

室内的布局中对道家"风水"思想的运用，不是没有依据地对迷信的追逐，而是在长久的实践中得出的对现实科学的总结与归纳。

5.2 道家"阴阳"思想与建筑环境布局营造

5.2.1 道家"阴阳"思想与建筑布局营造

老子曰："道生一，一生二，二生三，三生万物，万物负阴而抱阳。"[1]道家思想认为"道"作为宇宙的本源，其内部蕴涵着阴阳两种不同的势力，在阴阳两种力量的推动下，表现为道体化育万物的过程。《庄子·则阳》提出一个问题："四方之内，六合之里，万物之所生恶起？"其答案为："阴阳相照相盖相治，四时相代相生相杀。"建筑的布局营造也可解释为阴阳的相互作用。中国《黄帝宅经》："夫宅者乃是阴阳之枢纽，人伦之轨模。"《易传》的作者特别强调天地万物的变易，认为这种变易乃是源于其阴阳之动力。《系辞》曰："刚柔相推而生变化"，"刚柔相推，变在其中矣。"阳的性质为刚，阴的性质为柔，刚柔相互作用而推动事物的变化，也就是阴阳推动事物的变化。建筑的布局也包含阴阳两面，建筑布局的变易取决于性质不同的阴阳之间的相互作用。"乾坤，其易之门邪？乾，阳物也；坤，阴物也。阴阳合德，而刚柔有体，以体天地之撰，以通神明之德。"乾为阳，坤为阴，阳刚而阴柔，一阴一阳，一柔一刚，阴阳相鼓相荡，相互作用，达到相互和谐与协调。

"阴阳"是道家之思想也是终极自然之规律。建筑布局表达"阴阳"具有双重性，如高矮、曲直、凹凸，甚至是给人以感觉上的强弱，建筑布局区域的喧闹与安静，都可以划为阴阳的范围。建筑布局基本"原则"就是由元素"阴"和"阳"排列而成，将概念性的"元素"变成形式上可辨的布局。自然的，形式最简单的原则包括了"阴"和"阳"的布局，表示某种对比或联系。建筑阴阳的布局可以被扩展为三种布局，表示建筑布局的基本形式（重复第一个元素，去除"阴阴"和"阳阳"的重复布局，因为其与之前的两个布局形成的对比没有区别），由此产生的布局变体，即一个"阴"置于两个阳之间，或一个"阳"置于两个阴之间（图 5-2、图 5-3）。这样，我们就得到了中国建筑最重要的两种布局类型，在许多研究中都被概括为：外阴内阳和外阳内阴（外虚内实和外实内虚）。如把这样的布局原则按照二维空间中的三级排列，所得的建筑布局可更清晰地表达外阴内阳或外阳内阴扩展而来成为中国建筑形式院落式或明堂式的布局。院落式布局是中国典型布局方式（图 5-4），大

---

[1] 老子，道德经，金盾出版社，1999：10.

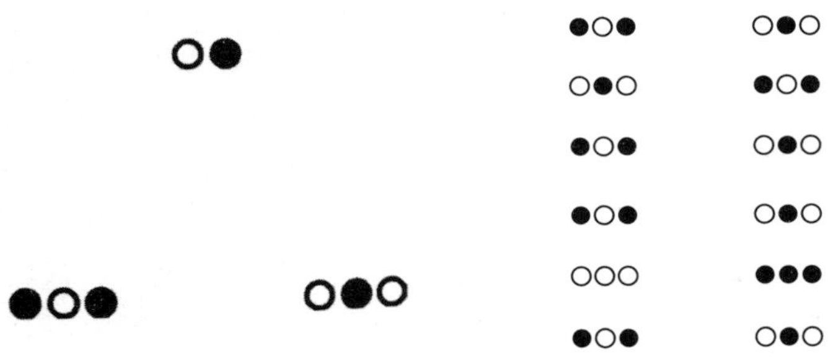

图 5-2　阴阳元素基本组合模式
（来源：李晓东《中国形》）

图 5-3　阴阳组合模式拓展
（来源：李晓东《中国形》）

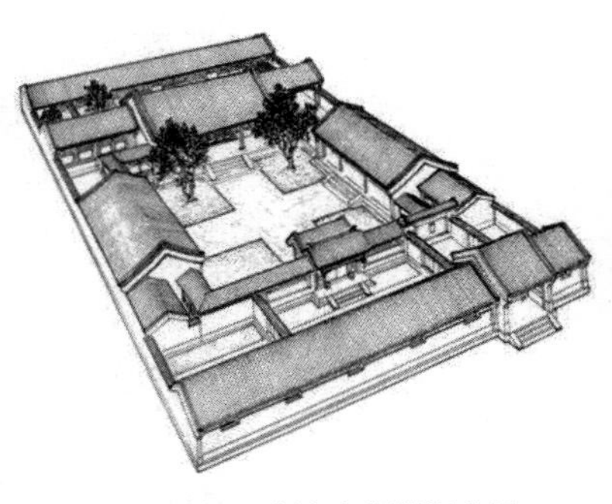

图 5-4　中国建筑院落阴阳布局
（来源：潘谷西《中国建筑史》）

致可分为两种：一种是建筑的中心为院落，具有较强的内向性与围合感，建筑的墙作为院落空间的界定，使人具有安全的包容感；另一种方式是由建筑、廊和墙等元素围合而形成自然有机的院落空间，这种院落布局灵活多变，建筑与院落布局不拘一格，相互融合，形成整体，这种布局建筑的围合感相对较弱，建筑融于院落空间之中。明堂式建筑布局在古代有着神秘的象征意义。东汉桓谭解释说："天称明，所以命名曰明堂。上圆法天，下方法地，八窗法八风，四达法四时，九室法九州，十二座法十二月，三十六户法三十六雨，七十二牖法七十二风。"历代所建明堂，以唐朝武则天在东都洛阳所建最为壮观，高二百九十四尺，东西广三百尺，号称"万象神宫"，是中国古代最宏伟的木结构建筑之一。道家称明堂为阳宅大门前面或阴宅前方的范围，是地气聚合的处所。案山内为大明堂，或称外明堂，龙虎心里是中明堂，穴前为小明堂，或称内明堂。古明堂以洁净、宽广、藏风、聚气为佳。

5.2.2　道家"阴阳"思想与中国园林布局营造

道家"阴阳"思想在中国园林布局中"唯道集虚"，使中国园林布局阴阳结合、相存共生。中国园林布局蕴涵着阴阳情韵：园内、园外，户内、户外，收、放，前、后，高、低，进、退，建筑，山石，绿树，花草……阴阳结合营造出中国独特的园林布局。如老子曰："凿牖以为室，当其无，有室之用。"亦是虚实布局的写照。中国园林布局所包含的阴阳：园林之水、水中倒影、虫鸟之鸣为阴；滨水建筑、廊桥、山石为阳。阴阴阳阳、阳阳阴阴，相互交替与映衬。阴依托阳体呈现，给人以遐想空间，阳又依靠虚体得到升华与提升，阴阳的相互转化，从而使中国园林给人以写实与意境之美。道教学派庄子论水的基本观点："水之性，不杂则清，莫动则平；郁闭而不流，亦不能清，天德之象也。故曰，纯粹而不杂，静一而不变，炎而无为，动以天行，此养神之道也。"这就是说，静态的水是不杂则清，莫动则平，但也要有流动，才得以更清。既不杂，又能清，安然不疑，静中求动，则可以养神，化育万物。阴阳相生、动静相济、自然和谐之美，这就是中国园林之哲理。道教的太极图——阴阳鱼：黑（阴）白（阳）两条鱼相合而成，展示阴阳、动静、往复之寓意，传统的和谐整体宏观的思想影响着中国园林的布局与发展。

中国园林的布局无形为阴，有形为阳，所以说水为阴，山为阳。园林的布局主要以山水为主要元素，一般有山必有水，也是道家“阴阳合德”原理之表现。中国园林布局地形对比强烈，高下有致，但也不缺乏平原之景色，若只有山且有高下，并不能称之为园林。水阴山阳，阴阳合德，缺一不可，高的山、低的水，形成了自然地形的强烈对比。中国园林造园史上，这种布局，不管园林的主题或手法如何变化，这种园林布局从古到今始终贯穿如一，随着历史的变迁，园林布局模式或内容只是更加的丰富多彩。筑池堆山的布局从秦朝开始，秦始皇迷信神仙方术，把许多方士派到东海寻求长生不老之药，由于毫无结果，于是乃退而求其次，在园林里面挖池筑岛，模拟海上仙山的景象，这就是“兰池宫”的由来。“兰池宫”的园林阴阳布局为中国园林提供了发展方向。据《秦记》记载:“秦始皇都长安，引渭水为池，筑为蓬、瀛，刻石为鲸，长二百丈。”由此可证实兰池宫引渭水筑三岛，分别以蓬莱、瀛洲、方丈命名，以此模拟东海神仙居的三座岛屿。兰池宫引渭水为池子并筑三岛之举，成为历史记载的第一个筑山理水并举的实例，成为园林理水一池三山的雏形。这种“一池三山”的造园模式对后世影响很大，并成为历代皇家园林理水的主要内容，如北京颐和园、杭州西湖等水景仍可见其踪迹。园林的布局，山水阴阳布局灵活多变，北京颐和园，以广阔昆明湖水面为主，其湖中设龙王岛，可谓阴中有阳；万寿山后湖，为山中有水，谓之阳中有阴；谐趣园为园中之园，太极图中的阴阳鱼，生生不息，往复不已。阴阳离合理论:“太极生两仪，两仪生四象，四象生八卦”。阴阳二仪派生则有太阳、少阳、少阴、太阴四象。阴阳力量的此消彼长，表现出不同的规律变化，在园林中的布局也可运用此种理解：室外为太阳，院落为少阳，廊亭为少阴，室内为太阴。园林中的花为阴、鸟为阳，但是它们自身也有阴阳的转换，花卉随着季节而由盛开转向衰落，也是阴阳的表现，德国汉斯·比德曼在《世界文化象征词典》中说：“花代表生命力、生活乐趣、冬季的终结和战胜死亡。”唐朝徐坚《初学记》卷五引《春秋说题辞》：“石，阴中之阳，阳中之阴，阴精辅阳。故山含石。”意为:石清得阴柔，石顽得阳刚。《谷梁传》：“水北为阳，水南为阴。”意为：山石南面是阳，山石北门是阴，说明山石自身也具有阴阳的转换，具有两面性。

中国园林在阴阳布局与园林元素阴阳转换下，表现出了丰富多变的生命力与灵动感。

5.2.3 道家“阴阳”思想与室内布局营造

阴阳作为两个事物对立统一的方向，两者之间互相影响，组成世界上各种事物，《易经》提到“孤阴不生，独阳不长”，这是对阴阳平衡的一个综合概述，阴阳相互协调，方可以使事物得到长期进展。在室内设计与布置中，也需要用到道家“阴阳”的概念。

在室内装修过程中，一些人将潮流和高端作为装修的主题，不注意室内阴阳协调，导致阴阳失衡，对居住其中的家人造成身体或者时运的不良影响。居室大小，最好能和居住的人数成一定的比例关系，大小适中才行。许多人追求宽敞气派，就算家里人口少也要买大房子，其实这样很容易导致阴阳失调。人都是带热量的，太大的房子会吸收人体的能量，人过少，吸收得就相对多，会造成人们身体变差，精神不振。如果房子过小，图热闹方便几代人一起住，没有隐私不说，人太多还会导致屋子里的气场紊乱。阴阳中大为阳，小为阴，大小不协调，就会形成阴阳不协调的情况。软硬装涵盖整个家装，阴阳里，刚硬属于阳，轻软属于阴。在室内装修过程时，许多人偏爱高级瓷砖，把地面和墙面都贴起来，添上一些金属材料的家电及摆件，时尚感十足，然而却非常冷清、僵硬；有一些人比较喜欢轻软舒适的材质，桌椅、沙发全部使用超软的材料，连床也都是软边水床以及席梦思等类，过软材质的使用，会让人产生疲懒、嗜睡、不求上进等情况。家是用来歇息和放松的场所，在装修过程中，需要“软硬兼施”阴阳协调。室内装修的色彩对于人生理健康也会产生影响，色彩的使用也需要相辅相成。从风水中暖色为阳，冷色为阴，家中装修色彩的选择，最好以暖色为主，可以达到使心情舒畅，提升阳气的效果。不仅如此，动属阳静属阴，所以在卧室使用温和色彩，能营造出宁静祥和的氛围；客厅的色彩则正相反，可以使用一些热情的色彩，制造出动感、充满活力的气场。在天花与地板的色彩选择时，应结合“天清地浊”的规律，天花一般选择清浅颜色，而地板颜色更深，墙面的色彩属于中间，让居室看起来层次分明，变化多段，圆满而协调。家居的摆放布置也要井井有条，在布局里，高大是阳，矮小是阴，家具的摆放应该遵从阴阳结合，注重高矮协调，也可以由装饰画的垂挂来达到分明层次的效果，以保持阴阳协调。一部分的人通常在大衣柜或者书柜之间摆放儿童床，孩子在两个高大家具之间睡觉，会不知不觉地产生巨大的压力，很可能会造成孩子自闭、懦弱等不良性格，这种布置是非常不合理的。室内的布置还需要根据季节及时调整，保持阴阳协调。在阴阳中，热属于阳，冷属于阴，在炎热的夏天，保证室内的清洁程度，能够达到视觉上清爽的效果，也可以用冷色灯光替换掉暖色灯，把厚重的棉被、毛毯、冬天的衣物等整理收纳好，摆放许多绿色盆栽；在寒冷的冬天，温馨的装扮能够让人感觉温暖，可以换回暖光灯，使用暖色调的床品，地板上垫地毯，桌子上铺桌布等。居室还应兼顾声音，噪声也会导致阴阳失调。从风水看，噪为阳，静为阴，如住在马路或者闹市旁边，抑或是附近施工，噪声过大会对居住者的睡眠质量和状态产生影响，导致阴阳失衡，甚至还会引发夫妻矛盾。可以使用隔音玻璃将噪音隔离，注意自身的修养，维持室内宁静氛围。此外，室内布置需要减少“三多”情况，三多包括，卧室门多、卫生间多以及窗户多，这些都可能引发阴阳失调。

《易经》是道家思想经典，认为：“一物一太极”，大到一栋楼，小到一间房间、一张桌子，都是一个太极，人们应保持每件事物里“小太极”的阴阳协调。室内布置过程中，每个方位有独特的气场，合理布置，能让磁场协调，家庭和顺；如布置不合理，会令磁场紊乱，造成烦恼。总之，室内的布置需要协调，墙面、地板以及家具的布置也要合理，形成协调的整体感，达到和谐协调的阴阳才有相存共生的效果。

5.3 道家“道法自然”思想与建筑环境布局营造

5.3.1 道家“道法自然”思想与建筑布局营造

《道德经》:“有物混成，先天地生。寂兮寥兮，独立而不改，周行而不殆，可以为天地母。吾不知其名，字之曰道，强为之名曰大。大曰逝，逝曰远，远曰反。故道大，天大，地大，人亦大。域中有四大，而人居其一焉。人法地，地法天，天法道，道法自然。”

我国的建筑在布局上运用道家“道法自然”之思想，体现为遵从自然的规律，与自然相融合。“道法自然”在中国建筑的布局中表达为建筑与不同的地域、气候和建筑所处的外部自然环境达到有机和谐地相处之境界。如北京四合院的布局、福建土楼的布局、黄土高原上的窑洞、少数民族干栏式竹楼的布局都是与当地的地域、气候和建筑所处的外部自然环境相协调，体现道法自然的建筑布局生态观。中国建筑对自然环境资源充分的利用，使得建筑的布局与大自然环境和谐相处相依。安徽宏村建筑群就是建筑的布局与大自然环境和谐营造的典型案例：大自然水源引入村内，水流穿过村落，自然的流入建筑的室内与室外，街巷民居傍水而造，以石板铺路，水系统与建筑布局相得益彰，犹如中国的山水画境（图 5-5）。中国人对“道法自然”的向往与营造体现在建筑的布局营造之中，对大自然的情感寄托传递表达在建筑的布局之中。人、地域、建筑布局形成一个“道法自然”的有机体。“依山傍水”的建筑布局也是道家思想在建筑布局上营造的之法。“依山傍水”意为建筑布局靠近山川和水域而营造。山是大地的骨架，也是人们获取生活资源的天然宝库；水是万物生气之源泉，“水者，地之血气”，“万物之本原也”。没有水，万物就不能生存，山水是人类生存的必要条件，并且建筑背靠山能够抵挡寒流的侵袭，民间有“靠山吃山，靠水吃水”的说法，也体现出了山水对人的重要性。道家的建筑布局观“负阴抱阳，冲气以为和”（图 5-6）亦说明山环水绕、背山临水的自然环境对建筑布局的重要和谐之作用。建筑与山形式的营造有：连绵的群山环绕，建筑被山环抱，在山前平坦的平地上构建，坐北朝南，并且建筑在自然之景色中若隐若现，而不

图 5-5 安徽宏村依山傍水
（来源：作者拍摄）

是突兀的存在，这样建筑与自然相互融合，也成为自然的一部分；还有一种为建筑群体根据山势而营建，建筑群体覆盖着山的走势，重庆的建筑营造可以归为此类，建筑拾级而上，气势恢宏，这类建筑营造以群体建筑营造居多。道家“依山傍水”的建筑布局体现了人们对大自然的尊重，并充分遵循大自然的规律让自然为人们服务，彰显道家“道法自然”之思想。

图 5-6　建筑道法自然布局
（来源：《图说太极宇宙》）

中国建筑的布局以道家思想“道法自然”为依据，蕴含着不同的地域文化特质与承载着深厚的历史沉淀，建筑的布局在不同地域下在大自然的环境中彰显着文化与自然碰撞的魅力。

5.3.2　道家“道法自然”思想与园林布局营造

道家思想的老子认为万事万物的依据与本源源于“道”，也是发展的最高境界。“道法自然”之思想与园林的布局营造有着密不可分的联系。老子的著作《老子》曰：“人法地，地法天，天法道，道法自然”。庄子将老子的思想发扬光大，强调自然为根，提出了无为之思想。道家思想崇尚自然、无为而治、返璞归真、淡泊朴素等“道法自然”观点在园林布局的营造上较为明显。

“道法自然”以柔性曲线表达大自然，所以道家在中国传统园林布局中以自然、柔性美为主，多采用柔和的曲线条，使得园林成为大自然的一部分，与自然相融相生。道家思想中布局灵活、多变，极少运用中轴线或对称布局，使人为的设计痕迹消失在大自然之中。园林中蜿蜒曲折的廊和千回百转的桥与水、大自然融为一体，体现出中国园林“道法自然”的返璞归真。园林中的建筑与河堤相结合，依地势而建，散点布置，水景与建筑自然营造，不拘一格。园林理水已能模拟大自然的各种水体景象，与石、土、山相结合营造园林的叠山理水的基本框架，构成宛若天成的园林地貌。如宋徽宗的艮岳是历史上最负盛名的皇家园林，园内山环水抱，水体极为丰富，河、湖、池、潭、溪、涧、瀑等应有尽有，各景点以回转的河道穿插连缀，但是其规模并不太大，园林的造诣已经超越了前人。艮岳的建造由宋徽宗亲自参与，敞开心情去观赏休憩成为此园林营造山水的目的。园内山的营造主要在东部，理水主要在园的西部，形成了“左山右水”的大自然之格局。园林中山水关系的营造方面，如清代笪重光在《画筌》中提到的：“山脉之通按其水径，水道之达理其山形”的“道法自然”之园林布局。宋张择端的《金明池夺标图》生动地再现了龙舟戏水盛况，从画中还可以领会到沿岸垂柳拂岸，绿茵铺堤的水池自然之景致。道家“道法自然”思想在园林中的体现，如宋人李格非的《洛阳名园记》记载：湖园由开阔的水景区、幽闭的丛林区组成，主要建筑百花洲堂与四面堂隔水呼应形成对景，体现中原私园水景开阔、疏朗的特点。当时人们对此园评价甚高，“洛人云，园圃之胜而不能相兼者六，务宏大者少幽邃，人力胜者乏苍古，多水泉者艰眺望，兼此六者唯湖园已。”沧浪亭是江南名园，水与竹自然景物的变换配置，以及水景营造的诗情画意让人们感受大自然之魅力。《沧浪亭记》：“前竹后水，水之阳又竹，无穷极，澄川翠杆，光影汇合于轩户之间，尤与风月为相宜。”四大园林的影园与休园，影园林环境自然、清新、雅致，虽然园子不大但布局极佳：“前后夹水，隔水蜀岗，蜿蜒起伏，尽作山势。环四面柳万屯，荷千余顷。水清而多鱼，渔棹往来不绝。”[1] 影园湖中有岛，岛内有池，使得园内、园外水景浑然一体。休园中的园林营造以山水为主，全园的布局以自然山水营造其间，山水曲折，变化自然，如自然天成，疏密有致，按照山水的画理而入景。明朝文震亨的《长物志》中专有“水石”卷，论石与水的特质：“石令人古，水令人远。园林山水最不可无。”又论叠山理水法则：“一峰则太华千寻，一勺则江湖万里。”中国园林的造山理水体现大自然之魅力与大自然之情怀。

中国园林以道家“道法自然”返璞归真之思想营造园林布局。园林中的建筑、堤岸、假山、水景与植物等自然营造，布局灵活、多变，不拘一格，构成宛若天成的“道法自然”园林地貌。

5.3.3 道家“道法自然”思想与室内布局营造

《辞海》中对自然一词的注释是：“天然的，不做作、不拘束、不呆板、非勉强的。”道家“道法自然”之思想布局既是无处不在，也是不做作、不拘束的自然之风格。室内的布局运用道家“道法自然”之思想亦十分广泛与普遍。

“道法自然”在室内布局上减少人为的痕迹，自然朴素、返璞归真、简约纯粹的室内布局还原自然本质，室内的营造以简单的造型与简单的组合方式使人感受到“道”之境界。在建筑与大自然的统一融合方面，芬兰的设计师阿尔托用他的代表作——玛丽亚别墅来诠释了这一理念，作为一名对大自然充满热情与爱的设计师，在他的作品中少不了自然的元素，最大程度利用地形地貌来与大自然的景色进行交融，追求的是一种朴实自然的风格，让大自然的美景跃然眼前。在其设计的别墅中，通过将建筑空间与大自然进行衔接，营造了一种不断延伸扩展的空间变化，使得人们能够感觉到自己与大自然的交流。他设计的理念是与大自然交融，具体做法首先是将地址选在了一个风景秀丽的小山顶，周边布满松树，建筑就围绕在这漫山松树之中，透过窗户是各种相互交错的树枝，而在室内是使用各种木材元素，室外凌乱的枝丫和室内工整的家具随意地摆设，使得室内室外相互辉映融合，一切看着就是那么的和谐，好像是室外的树木在室内的延伸。这种装修的方式已经不是单纯的室内装修了，而是室内外在亲近自然这个主题下的有机融合，是各种

---

[1] 郑元勋，影园自记，同济大学出版社，2000：39.

自然元素的相互碰撞与重生。将建筑修建在这茂密的松树之中并不是单纯地为了好看而设计的，甚至压根就不是为了美观，建筑中周围安逸的环境和庄园使用的曲线轮廓以及不规则曲线的水池，无不体现这个建筑设计的中心思想——这是围绕自然设计的，为的就是让居住其中的人最大限度地接触大自然。建筑平面为L形，与桑拿房、游泳池围合成一个长方形，这样的设计在美观和采暖中找到了平衡点，而且还给人以安全感。同时半开放的庭院又将生活环境与大自然的美景结合在一起了，体现了设计师的精心之处，在考虑与大自然亲近的同时，也没忘记私密性的问题。在室内空间的设计中，进门就是餐厅，左右分别是起居室和卧室，在通往起居室的路上，以阶梯代替了门。空间一下得到了解放。起居室的设计也别有用心，仅依不同的地表材料将其分为两部分，休闲与会客相结合。除了正门，室内的另一侧与花园相连，内外相通，室内与室外空间相互流通、相互融合、相互联系、相互衬托。在室内设计风格上，大胆地采用了各种线条元素，有曲线波浪以及常见的直线，装饰材料大多为木质，处处体现设计师对于大自然的热爱，为大众展现了自然的美。室内布局时将室外自然之景色巧妙“借”到室内（图 5-7）,也是“道法自然”之理法。但是，这种室内借室外之自然景色，对外部自然之景色有一定的要求——良好优美的自然外部条件。充分利用大自然环境，将自然环境中的风、水流、山石、花草等巧妙地引入室内，幽美雅致的自然景色成为室内偶然天成的室内布局；或推开室内的窗户看到一幅幅风景各异之自然景色，绚烂的景色美不胜收，令人心旷神怡；建筑外墙由通透玻璃构成，大自然的优美之景映入眼帘，如同置身于大自然之中。如莱特的流水别墅使室内外的布局相互穿插与延伸，内外相互交融，室内简单的布局形式与家具摆设犹如与窗外景色量身定做，浑然一体。

图 5-7　室内借自然之景
（来源：作者拍摄）

人类自古崇尚大自然本性与自然之气息，道家“道法自然”思想在室内布局的运用力求悠闲、自然、返璞归真的田园生活情趣来营造渲染室内氛围。在生活节奏快、压力大的今天，人们渴望自然，回归自然，缓解焦虑，得到心灵慰藉。室内布局源于自然而高于自然，“道法自然”思想在室内布局的运用显得尤为的重要与必要。

5.4　本章小结

本章从道家思想与建筑环境营造的布局方面进行解读。道家思想在建筑环境布局方面主要表现为：风水观、阴阳与道法自然。风水观方面，建筑的营造要与大自然的地理地质、气候环境、人为的交通道路、当地的人文风俗相互联系，相互组合，“风水观”就是将这些要素进行优化组合，与建筑相匹配，达到建筑与自然环境和人文环境统一和谐的布局关系；风水学家和造园家借用风水学创造园林布局的基本形式；室内的布局对道家“风水”思想的运用，在长久的实践中得出对现实科学的总结与归纳。阴阳观方面，中国建筑最重要的两个布局类型，在许多研究中都被概括为：外阴内阳和外阳内阴（外虚内实和外实内虚）；中国园林在阴阳布局与园林元素阴阳转换下，表现出了丰富多变的生命力与灵动感；室内布局的营造要注重阴阳和谐、整体的统一感，达到和谐协调的阴阳才有相存共生的效果。道法自然方面，中国建筑对当地的地域、气候和建筑所处的外部自然环境相协调，使得建筑的布局与大自然环境和谐相处相依；园林中布局灵活、多变，不拘一格，构成宛若天成的“道法自然”园林地貌；在室内布局运用力求悠闲、自然的田园生活情趣来营造和渲染室内氛围。本章从道家思想对建筑环境布局的营造进行研究分析，对我国当代建筑环境本土文化布局的营造具有借鉴价值。

道家思想的“风水观”、“阴阳观”和“道法自然”的布局观，体现着自然、和谐、整体的布局思想，也是道家思想对现代建筑环境营造与大自然相结合的最高布局的境界。

大自然作为整体的结构的部分和要素，其间的关系既非机械式的排列、堆积，也非简单的线性联结，而是处于错综交织的和谐、整体联系之中。道家思想的“风水观”、“阴阳观”和“道法自然”的布局观在建筑环境营造中，极其繁杂的自然整体要素，根据建筑环境其特性、功能、作用的不同，可以划分为若干个系统对建筑环境进行营造，元气、阴阳、五行等要素在内的实体系统；日月星辰、山川大地、草木瓦石等要素在内的实物系统；温凉炎寒、高下长短、刚柔健顺等要素在内的属性系统；初夏秋冬、四面八方等要素在内的时空度量系统等等。这诸多系统要素，或处于同一层次上，或分属于不同的层次，每一系统要素又大都具有极其复杂的结构，包含若干个更低一层次的子系统或要素。其中有些要素具有多重性或功能，因而它们同时可以分属于不同的系统。道家思想的“风水观”、“阴阳观”和“道法自然”的布局观在建筑环境营造中，它们之间并不存在绝对的界限，也不是互不相干，而是根据道家的自然、和谐与整体观，相互贯通、相互映现、相互联系，从而连接成为一个系统整体对建筑环境进行营造。这样对建筑环境的营造不是线状的、平面的，而是整体而立体的自然观的结合。道家思想的“风水观”、“阴阳观”和“道法自然”的布局观在建筑环境营造中，遵循着和谐观，“风水观”、“阴阳观”和“道法自然”的布局如不协调，则会使得建筑环境失衡或失和。道家思想的“风水观”、“阴阳观”和“道法自然”的布局观在建筑环境营造中不是机械性的关系，而是一种有机的和谐关系的体现。道家思想的“风水观”、“阴阳观”和“道法自然”的布局观在建筑环境营造中遵循大自然的规律与法则。如太阳东升西落的自然规律，东西曾一度取代南北，所以东西在我国的建筑环境布局中占据了相当重要的地位。因此，随着时间的转换，东西成了建筑环境内部空间营造的规范。如我国的建筑环境营造的布局中，传统的西厢房一般为卧室，起居室常常布置在东面。然而在建筑环境外部的布局上渐渐崇尚南北的朝向，道家的“万物负阴而抱阳，冲气以为和”的思想顺应自然影响着我国的建筑环境营造的布局。商周时代的南北定位思想，还可以从道家的神巫占卜与崇神中找到根源，尤其在道家的占星术中对北极星和北斗星的崇拜也一定程度上影响了人们对南北与建筑环境营造的联系。北斗七星与四季更替之间的关系是务农人获得播种和收获信息的重要途径，并且中国是农业大国，所以农业生产始终占据国家的重要地位。中国人一直把北极星敬奉为主星，这样导致天地之间次序对位的产生。北被尊为至上之向，并且代表着地，建筑必定坐北朝南，帝王面南而坐，即意味着所有臣子北面至上的君主，传统建筑环境营造上也有仿效北斗七星的次序的。如此的建筑环境与自然结合的营造思想具有一定的顺应自然的规律性。我国地处温带，人们对充满阳光的南面房间有所偏爱，以建筑环境营造的背面抵御寒冷的北风，顺应了自然。"风水观"、"阴阳观"和"道法自然"的布局观在建筑环境营造中与自然相互渗透，相辅相成。"风水观"、"阴阳观"和"道法自然"的布局观在建筑环境营造中，自然万物运行的规律始终是科学理论系统的主体。道家的"风水观"、"阴阳观"和"道法自然"的布局观在建筑环境营造中相位限定地域区分的演绎与解释，所反映的是天地阴阳的互补、浑然整体的协调观，建筑环境的布局据此得以合理的区分。道家的"风水观"、"阴阳观"和"道法自然"的布局观在建筑环境中的营造是中国文化内涵中的法则所定，它们之间并非冲突、矛盾、对立，而是互补、共生、和谐、整体的东方道家智慧基本理念所在，建立了不同的东方布局体系。

道家的"风水观"、"阴阳观"和"道法自然"的布局观，从建筑环境营造布局的不同方面影响着建筑、室内与园林景观的营造，但总起来说基本体现着自然、整体、和谐的布局理念，亦符合道家顺应自然的思想。道家自然、整体、和谐的布局思想对我国的建筑、景观园林与室内的布局营造有着非常重要的指导意义。

第6章　建筑环境色彩营造的道家解读

6.1　“五行五色”与建筑环境色彩营造

6.1.1　“五行五色”与建筑色彩营造

道家思想认为“五行五色”与建筑有着密不可分的联系。《黄帝内经》五行与五色的搭配关系是：东方木，在色为苍；南方火，在色为赤；中央土，在色为黄；西方金，在色为白，北方水，在色黑。董仲舒在《春秋繁露》中是这样记载五行的：“左青龙（木）、右白虎（金）、前朱雀（火）、后玄武（水）、中央后土”。金、木、水、火、土为五行。青、赤、黄、白、黑为五色。这五种颜色在建筑中与道家的五行相对应，并且也与方向相对应：北方五行的代表为“水”，代表色为黑色；西方五行的代表为“金”，代表色为白色；中间五行的代表为“土”，代表色为黄色；东方五行的代表为“木”，代表色为青色（蓝色或绿色）；南方五行的代表为“火”，代表色为赤色。五行五色相生相克、相互制约、相互转化，达成平衡。如相生：水与木相生，木与火相生，火与土相生，土与金相生，金与水相生；相克：木与土相克，土与水相克，水与火相克，火与金相克，金与木相克。

五行五色在建筑中的表现也与其相对应。中间五行的代表为“土”，代表色为黄色，“土”为万物之本，是中央的象征。我国建筑中，帝王皇权至上之思想，自古为择“中”而居，所以中间在建筑中有着相当重要的位置与作用。如我国的紫禁城，内廷的正殿为乾清宫，是紫禁城的中央，是皇帝的寝宫与处理政事的地方；紫禁城的屋顶主要采用黄色琉璃瓦，以此来表明紫禁城为“中央”的重要地位。南方五行的代表为“火”，代表色为赤色，赤色亦为红色。五行中火与土相生，火与金相克。我国建筑的墙、门、窗、柱等等基本都是赤色，檐下彩画也是以红为主，托着黄色的屋顶，在五行中又可译为“火生土”之寓意。北方五行的代表为“水”,代表色为黑色。五行中，水与木相生，水与火相克。如紫禁城的北面为坤宁宫与御花园，种植了许多绿色的植物，就是以北方的水来生木的五行运用。紫禁城北面御花园的主要建筑钦安殿供奉着道教中的水神，其建筑的门、墙体、瓦等主要运用黑色，并且钦安殿后面正中勾栏板的雕刻图案也以波浪水纹为主，来与“五行”之“水”和“五色”之“黑”相对应。东方五行的代表为“木”，代表色为青色（蓝色或绿色）。五行中木与土相克，木的颜色为绿色，所以我国建筑的墙体等不用绿色，以防木克土。如紫禁城的中部（黄色）和南部（赤色），不用绿色作为油饰且种树不多，来符合五行五色相克之原则。而紫禁城的乾清门内东边是上书房，是护佑皇子皇孙后代繁荣昌盛的地方，其建筑屋顶均为绿色琉璃瓦。西方五行的代表为“金”，代表色为白色，土生金，金与木相克。我国中央重要的建筑多用汉白玉台基与汉白玉栏杆，“白”代表“金”，五行中为“土生金”之寓意，且汉白玉之上没有或很少有树木的种植，为五行金与木相克之缘故。建筑西方为“收”之寓意，我国的紫禁城建筑布局西侧也多为皇太后、太妃、嫔妃们居住的地方。

我国的五行五色建筑的象征意义与建筑的实用价值相结合，赋予了深厚的文化内涵与底蕴，达到道家思想的相互协调、相互平衡之作用。

6.1.2 “五行五色”与园林景观色彩营造

园林景观与道家思想的“五行五色”联系也甚为紧密。前面所提的金、木、水、火、土为五行，青、赤、黄、白、黑为五色。这五种颜色在建筑中与道家的五行相对应，并且也与方向相对应：北方五行的代表为“水”，代表色为黑色；西方五行的代表为“金”，代表色为白色；中间五行的代表为“土”，代表色为黄色；东方五行的代表为“木”，代表色为青色（蓝色或绿色）；南方五行的代表为“火”，代表色为赤色。五行五色的方位代表与颜色代表在园林景观中也同样适用。

园林中的建筑、山石、流水、树木、道路等都代表不同的五行五色：建筑为五行中“土”，代表色为黄色；流水为五行中“水”，代表色为黑色；山石为五行中“火”，代表色为赤色；树木为五行中“木”，代表色为青色（蓝色或绿色）；园路为五行中“金”，代表色为白色。园林中的建筑背面要求有座山（南方五行的代表为“火”），为靠山，南有连绵的高山峻岭作屏障，山上要保持丰茂绿色植被（木生火）；左右是“青龙”绿色植被（东方五行的代表为“木”，代表色为青色）和“白虎”园路（西方五行的代表为“金”，代表色为白色）环抱围护。园林建筑的北面（北方五行的代表为“水”，代表色为黑色以水营造），要开阔，或者有池塘或河流、水溪蜿蜒流过；左青龙即东方有蜿蜒的河流曲折流过（东方五行的代表为“木”，代表色为青色，水生木）；右白虎即西方（西方五行的代表为“金”，代表色为白色）有顺畅的道路通过，方便交通；水前是远山近丘的“朝山”“案山”为对景，可望而不可及。园林中植物也与五行五色有着联系。五行中属土，黄色的植物代表五行中的土，如淡黄色的金桂、深黄色的黄钟花等等；五行中属金，白色的植物代表五行中的金，如雪白的白玉兰、出泥而不染的白睡莲、乳白的栀子花等等；五行中属火，红色的植物代表五行中的火，如红色的枫树、火红的石榴树、火红的红千层等等；五行中属木，绿色的植物代表五行中的木，如碧绿的柳树、墨绿的松树、翠绿的女贞等等。清朝高见南《相宅经纂》：“东种桃柳，西种栀榆，南种梅枣，北种奈杏”，“向阳石榴红似火，背阴李子酸透心”，

"白兰屋前种，美花香气送"[1]等描述，这些不是迷信之说，而是根据植物的习性而总结得出，是科学的。园林中，植物阳生树宜种植在南面(五行中"火")，阴生树宜种植在北面（五行中"水"）。见不到太阳的北面种植阴生树，因为其喜阴，阳生树喜阳，种植置于南面，或阳生树种植高于阴生树，阴阳搭配，相互协调，相生相旺。陈从周的《续说园》中："牡丹香花向阳斯盛，须植于主厅之南。"（南方五行的代表为"火"，代表色为赤色）广阔没有遮挡的南方，可以充足地吸收到太阳的光线，所以南面宜种植喜阳的花草与树木。北面（北方五行的代表为"水"）墙阴植如女贞、竹类等耐寒喜水植物。

五行五色相辅相生，园林中山清水秀，避风向阳，会让人神情愉悦；流水潺潺，草木欣欣，会使人流连忘返；莺歌燕舞，鸟语花香，会使人心旷神怡。

6.1.3 "五行五色"与室内色彩营造

"五行五色"与室内也是密切相关。室内要根据"五行五色"随逐自然，力求将室内元素相互协调，相互和谐，使得居住者可以更为舒适，追求将人居回归自然的状态。

室内的五行五色也遵循：北方五行的代表为"水"，代表色为黑色；西方五行的代表为"金"，代表色为白色；中间五行的代表为"土"，代表色为黄色；东方五行的代表为"木"，代表色为青色（蓝色或绿色）；南方五行的代表为"火"，代表色为赤色。五行五色相生相克、相互制约、相互转化，达成平衡。室内的大门非常的重要，是室内通往外界环境的重要出入口，其五行五色为：东门（东方五行的代表为"木"，代表色为青色），大门易选"五行"为"木"和"水"，"五色"为青色、绿色和黑色、蓝色之门；南门(南方五行的代表为"火"，代表色为赤色），大门易选"五行"为"木"和"火"，"五色"为青色、绿色和红色、紫色、橙色之门；西门（西方五行的代表为"金"，代表色为白色），大门易选"五行"为"土"和"金"，"五色"为黄色、咖啡色和金色、白色之门；北门（北方五行的代表为"水"，代表色为黑色），大门易选"五行"为"水"和"金"，"五色"为黑色、蓝色和金色、白色之门。室内的客厅是人们必经之地和家人团聚、会客之地，在室内中也有着不可代替之位置，其"五行五色"为：东边的客厅适合采用的主打色是米黄色，五行之中，东方属木，其财属土，而土的代表色为黄色，因此，使用黄色为主色调有助于旺财；在东客厅也可放置茂盛的植物，摆放属水的物品或山水画也可，因为水可养木。从相生相克的理论角度来看，南为离火，金则为火财，而白色是金的代表色，因而南向的客厅适合以白为主色调，能够减少火的炽焰，为主人家带来财运；由于木能促火，因而也可以在客厅里铺上红地毯、挂上日出、凤凰或火鹤等图画，或者也可以装饰一些红色木质品。朝西的客厅由于阳光较强，适合的主色调为蓝绿色，可以栽种较茂盛的树木或者可以采用淡蓝色的色彩，

---

[1] 高见南，相宅经纂，台湾育林出版社，2013：65.

或者用木质家具装饰客厅，这样对主人家的学业、财运、官运等有一定的助力。朝北的客厅宜采取微红、淡红的主色调再辅之以红色，这是因为在五行中，北方属水，水之财为南方火，红色作为火的代表色装点在客厅中，有助于水火相济，对主人的异性缘和财运十分有益。主人房以简洁、明快、温暖为宜，颜色的选择应以柔和为主，具有温馨感，使人感觉平静，有助于睡眠与休息。主人房卧室“五行五色”大部分情况下这样区分：北面宜用米黄、黄、红；东北宜用棕色、橙黄、淡黄；南面宜黑、黄、紫；东南、东面则适合黑、蓝、绿色；西南适用于棕色和淡红；西面适合白、米黄、微红等色；西北宜用红、黄、灰。卧房的墙面尽量不要用玻璃、金属等，因其会产生反射，容易干扰睡眠。厨房的“五行五色”仅次于门，厨房和主卧的“五行五色”与主人一家的健康和财运直接相关。厨房若设在西北方，则构成火烧天门之局，对家长无益；厨房若设在西南方，为泄出之局，对主母不利；若将厨房设在南方，灶属火，南方亦属火，火上加火则土燥，容易生病；而将厨房设在西方则呈火盗金销之局，容易得心肺之疾；若将厨房设在东北方，则水火相生相克，喜忧参半；因而厨房最宜选择设在北方，呈水火相济的格局。在整个家庭中，厨房的出水最多，在风水学中水为财，出水道预示着财帛，因此出水口尽量设在右下角，除了忌讳用黑色之外，在色调上可凭主人喜好自行选择。在厨房风水中，关于厨灶有十大禁忌：1. 房梁下压；2. 过道对火门；3. 厨厕同门；4. 厨灶对门；5. 灶门对水槽；6. 水淋灶眼；7. 厨灶对厕；8. 洞房厕所下方；9. 地台高厅；10. 灶后是窗。食色，性也，民以食为天。不仅居住室内运用“五行五色”，在当代公共室内环境中也将“五行五色”进行了演绎：2008 年世博会的中国馆，传统的《论语》和《道德经》的书法在正北厅展示，正北为五行中的水，水在道家中为黑色，表示为玄厅；水墨国画在西北厅展示，表示为玄白厅；陶艺的展示在东北厅，因为东北表示为玄青；屏风与青瓷在正东厅展示，正东厅为青厅，在五行中属木，木对应颜色为青色，万物复苏之色；纤维艺术在正西厅展示，正西为白厅，在五行中属金，对应色为白色；丹漆屏风在正南厅中展示，正南在五行中为火，火的代表色为红，所以为丹厅。世博会的中国馆五行五色和展示之物一一相对应，展示了我国的文化内涵与智慧的表达。

室内的“五行五色”是中国文化的表达方式，蕴含着中国文化的深厚底蕴与内涵。

6.2 “抱朴守拙” 色彩与建筑环境理法

6.2.1 “抱朴守拙”色彩与建筑理法

道家的“抱朴守拙”的色彩在建筑的理法上为返璞归真之自然之色。“抱朴守拙”的思想在建筑色彩方面通过建筑材料的本色来表现，也就是说建筑材料的颜色就是建筑材料本身的颜色。“抱朴守拙”的天然材料颜色运用到建筑中可追溯到公元前 21 世纪——原始的穴居，其色彩为天然的建筑材料本色。建筑材料主要为黄土、石头、红土、褐土、木材等，所以建筑颜色主要以黄色、红褐色、青色、木色等材料本色来体现。当代的建筑还运用“抱朴守拙”的色彩，倾向建筑材料本身原色的表现，以自然之色作为建筑的外观颜色，是对自然的亲近与欣赏，是色彩和自然的和谐统一，是由于人们对自然的崇尚与追求自然的观念体现。

自然材料的天然色与建筑环境和谐统一，也成为我国富有本土语言特色建筑的表达。湘西的干栏木楼，也叫木楼、吊脚楼，就地取材，门窗、墙板、楼梯都是木质的，建筑的色彩为木本色，使人感到朴实自然。壮、侗、瑶、苗、汉都有干栏木楼，这种建筑以两层居多，上层一般为奇数开间，用来住人；下层一般为牲畜所设，或者当储物的空间。干栏建筑所在的环境一般都景色优美，依山傍水，面向田野，光线充足，以群落式建筑营造，整体看去，既雄伟，又壮观。有些村寨，家家相通，连成一体，就像一个大家庭。贵州布依族的石头山寨，云贵高原石多土少，页岩资源丰富，居民用当地的石头建造房屋。以薄石做屋瓦，稍厚的做板壁，最厚的作为铺地，门窗也采用石材。屋基、墙面、门窗、石板的铺路均为石材构建而成，并且展现石材本色，在山川、树木、河流、阳光映衬之下，建筑宛若天成。云南西双版纳的竹楼，当地盛产竹子，居民就地取材，建造以竹子为主要材料并体现竹子本色的建筑：竹柱、竹梁、竹檩、竹椽、竹门、竹墙，有的地方甚至将竹一劈两半做瓦盖顶。竹建筑、竹院落、竹门窗……组成了古色古香的竹楼风情。长城脚下的公社日本设计师以竹子为材料，竹子的不同排列与建构之色，体现了竹子的丰富变化：建筑的梁、建筑的门、建筑的墙、建筑的窗、建筑的台均由竹子建构……竹子的色泽、韵律极其完美地得到了体现。大量竹子的采用与变化多端竹光影的调和展现建筑颜色精致、柔和的气氛。我国的窑洞建筑和夯土建筑的材料就是采用土的自然颜色来构建。由于受当地土地矿物质与气候的原因，土可分为：黄、黑、红、白以及青五色。用于建筑的土多为黄色，我国的黄土高原、西北地区多就地取材用土建筑房屋，其色与当地的环境与干燥气候相一致，给人以纯朴壮丽的美感。生土的颜色显示沧桑壮丽、朴素自然之美，与当地干旱环境相协调产生和谐自然之美。当然，由于未修饰与加工，追求材料本身的面貌，天然材料颜色也是不一样的，不同自然之色给人以不同的感受。如竹子的色彩十分的丰富多彩：青绿色的竹子给人以素雅、沉静之感；黄绿相间的竹子给人以美丽、活泼之感；墨绿色的竹子给人以深沉、明快之感。木材材质表面会有凹凸，形成漫反射，使得光线变得柔和，树木的纹理与年轮让木材富有人情味与情感。没有去木皮的深色木材给人以粗犷、狂野之感，让人感觉与大自然更为亲近；去皮的浅色木材表现相对细腻、整洁，给人以纯洁、高雅、温馨之感。木材的肌理与年轮颜色的深浅不一，富有凹凸变化，传达给人的情感亦是不同的。石头的色泽与质感，也给人不同的感受：圆滑的深色石头给人以深邃之感；圆润的浅色石头给人以宁静之感；肌理明显的粗犷深色石头给人以狂野质感；肌理明显的粗犷浅色石头给人以纯朴之质感。建筑材料不同的材质、不同的颜色、不同的质地都是自然给人们的礼物，传达给人们丰富多彩的大自然的感受。

道家思想“抱朴守拙”的色彩观，崇尚自然，质朴无华，追求人与自然的和谐统一,万物皆为自然的一部分，建筑材料本色与自然相互协调、与自然环境色调和谐统一，形成建筑与自然的高度融合。

6.2.2 “抱朴守拙”色彩与园林景观理法

道家的“抱朴守拙”之思想对园林景观也有很大影响。园林景观的“抱朴守拙”之色，返璞归真、层次丰富，使人愉悦，犹如在大自然中畅游。园林景观中的“抱朴守拙”之色是园林景观中的元素体现出的自然色，如天空的蓝色，石材的青色、白色，水体的碧色，植物的绿色，木材的黄色、褐色，花的红色、黄色等等。自然的原生本色总是易于为人所接受，也是最美的。园林中的人工构筑物永远不要与自然争美，要突出自然之本色，并与自然相协调。园林景观要处理好蓝色天空、青色石材、碧色水体、绿色植物、褐色木材……自然之色之间的和谐关系。

园林景观中，绿色是植物的主要色彩。虽然由于季节和阳光等因素，植物的绿色也会有所变化：深绿、嫩绿、墨绿等等，这些绿色只是存在明度和色相上的微差，由于绿色微差的调和效果，作为整体色调的绿色层次显得尤为丰富。彩度和明度较高的黄色、红色、紫色等色的花朵以绿色为底色基调，花儿的颜色会显得格外的艳丽;“抱朴守拙”之色之思想,艳丽之色只是点缀，不易大量大面积的运用，不然会给人主次不分、眼花缭乱之感。园林景观中蓝天、大面积的碧水和远中的绿色植物像画中的色彩的背景一样，并且在画中充当灰色系的“配角”角色，使得园中的建筑、假山的“主角”地位更加自然、突出和明显。园林景观中的色彩搭配要整体、统一，色彩要主次分明,所以园林景观中要有支配色,支配色不一定在任何时候与周围相一致，但要协调、调和。深浅不同的绿色植物组合为支配色时，自然色的青色石材，黄色、褐色木材的廊、亭、桥等穿插其间作为点缀之色而呈现，给人以清新自然之感。如大面积的绿色过于单调时，也可加入红色、黄色的花或青色石材，黄色、褐色木材等元素进行调和点缀，使园林之景更为丰富。木材自然质朴的纹理、温暖柔和的颜色表现自然风格和亲切朴素之情感，在园林中常用作“平易近人”之物的建构：亭子、桥、座椅、栈道等等，并且木材之色让人感到清新、温馨、愉悦。仔细观察石材，不难发现石材也是有纹理图案的,深深浅浅的色彩在石材表面有纹理凸显,犹如一幅洒脱的水墨画，所以对石材的选取要创造性地利用其自然之色，能达到令人耳目一新的效果。园林中的碎石铺设在曲径的园路上使我们畅游其间；神色各异的假山石给我们神游自然山林的遐想；园林中的鹅卵石给我们独特的触觉体验……山石的营造点缀我们生活,积淀着情感的记忆。园林中的黄色、红色、紫色……色彩斑斓的花朵丰富了园林的颜色与园林的层次，给人以视觉与心理愉悦、欢快之情。碧色的水与蓝蓝的天，给园林以宁静、安详的景色，在宁静的色彩里让人产生无限的遐想。绿色的植物赋予生命的含义，让人在园内感受到春意盎然、勃勃的生机。

园林景观在大自然中提取“抱朴守拙”之色，通过自然、纯朴之园林景观的色彩组合，给人惬意、清新、朴实的大自然之情趣。

6.2.3 “抱朴守拙”色彩与室内理法

室内运用道家“抱朴守拙”的思想就是将自然的材料本色和自然景色引入室内，或采用自然的元素水体、山石、植物等进行室内造景。“抱朴守拙”的思想使室内环境更加轻松自在，更加怡人、温馨、舒适，又能让人感受到大自然的美好。

“清水出芙蓉，天然去雕饰”的“抱朴守拙”之色彩将室内营造出自然清新、纯朴美好的温馨家园。在室内的色彩与材料选择上，应多选择来源于自然的黄色或褐色的木、绿色的竹、白色的棉、浅黄的麻、碧色的水等等，使室内散发古朴、淡雅的自然本色。天然的温馨的黄色或褐色木材由于其种类繁多，肌理、色泽和质感也不尽相同，运用到室内营造中会带给人不但温馨、亲切，且风格迥异、丰富多彩的感受。同时，木纹凹凸的质地、树木生命的年轮、木材色相的冷暖、木质的软硬感也给人带来丰富的内涵与让人遐想的情感空间。室内的地板选用木本色，在色调上可以调和室内的颜色，使室内的家居、陈设相协调，并能体现自然舒适的感觉；在室内的微气候中木材还具有调节温度的功能，带给人以清新干爽、健康舒适之感。整个原木本色装饰于墙面之上，如轻风拂过树林，又如天然岩石，层层叠叠，给人以身在大自然之中质朴舒适的粗犷之美。实木本色的家具，具有温和细腻的触感与古朴的质感，散发着大自然的气息，给人以朴实、宁静、心旷神怡的享受。自然本色的木质家具还有以藤、柳等材质编制的家具，其材质自身的色彩、肌理、纹路清晰可见，体现天然朴实之美。在工作之余，人们坐在藤编的摇椅上可以缓解疲惫不堪之情绪，还身心一份难得的舒适自在与安宁的小空间。纯自然的木本色家具，散发着木本身的木材之香气，可以缓解人们的精神压力，使人精神愉悦，身心放松，对人心理有调节的作用，有益于人的身心健康。绿色植物在室内的营造，可以美化室内环境，具有净化空气之作用。室内中绿色植物的摆放，使室内空间更为丰富多样，提高居住者的修养品味，给人以实现室内的自然生态、环境和谐之美，并且在嘈杂的城市中在室内给人以绿洲之情怀。色彩各异的植物放置在室内中，给单调、乏味的室内增添了情调与活力。室内中碧色或绿色水体的营造，其象征着生生不息，源远流长，使得室内空间一下子“活”了起来。《吕氏春秋》曰：“流水不腐，户枢不蠹”，意为水能彰显生机与活力。室内中以水景做隔断装饰，既可以划分空间，又可以打破沉寂的空间活跃气氛，增加生命之律动感。碧色的水置于室内地板之下，发出潺潺的水声，水里放置几条红色金鱼，使室内空间生气勃勃，使人们仿佛置身于大自然之中，又犹如在大自然小溪边畅游，宁静、清爽质朴、天然的大自然之境映入眼帘。静止的碧色水还可以给人安静、平和之感，让人感到宁静、深远的意境。静止的碧色水引入室内可以烘托室内环境，视觉上扩大空间面积，丰富室内层次，使室内更加自然协调。石材注重本色感或奇异感，石头经过千万年的沉淀通常呈现古朴稳定的色泽，将自然的石材引入室内，别具一番风味。天然石材，由于产地的地理环境和所含矿物质的差异，有红色、灰色、黑色等等，所以颜色也各不相同，给人以不同的朴素自然感受。如砂片石石色为灰、黄、绿等色；宣石为白色，有光泽，石质坚硬；千层石为青黑色，与白色片状岩石相间重叠，石质坚硬；英石为灰黑至黑色，内有白色或灰色条纹；孔雀石色泽碧绿，且具有光泽；芙蓉石有玫瑰色、浅红色和白色等等。天然石材坚硬，历经千年的风雨沧桑，犹如一本富有历史与情感的历史史书。暖色调的黄蜡石做成的假山景观适合欧式室内氛围；而比较偏冷色调的英石做成的假山，则更适合中式家居的氛围，像一幅水墨画，如毛石、鹅卵石、青石板则可营造家居粗犷之感。室内石头的营造已经不再给人硬邦邦的感觉，它既有清凉的一面，也有温馨的一面。

道家的“抱朴守拙”之色将自然材料的原本色展现在室内空间中，使室内空间更温馨、舒适、宜居，给人以质朴、清新、自然温暖的家之感受。

6.3 “黑白相生”与建筑环境理法

6.3.1 “黑白相生”与建筑理法

道家思想主张“知其白，守其黑”，在建筑的色彩上亦是运用“黑白相生”平淡素雅之色，以黑白之色体现“素淡虚空”之道。

《老子》曰：“万物负阴而抱阳。”阴阳是万事万物的概括与体现，阴阳具有朴素的唯物主义哲学含义，表现在色彩上即为黑白，体现在道家的太极八卦图上。道家的太极八卦图等分为黑白两个部分，相互影响，黑白结合即阴阳结合，黑中有白，白中有黑，阴中有阳，阳中有阴，体现世间万物相互联系，相互渗透，相互轮回。依据道家之观点黑与白构成了辩证统一、矛盾统一之关系。我国的建筑也遵循道家思想的“黑白相生”之原则。古代黑色在建筑中仅次于皇宫的金色。我国古代对黑色崇拜：中国鸟图腾民族视玄鸟为自己的祖先，崇拜黑色燕子；“夏后氏尚黑”；古代北方帝王住所称之为“玄宫”，黑色成为神圣天帝的象征色彩；建筑的北方为玄武，黑色玄武被视作北方神。白色的代表沉默、希望、阳光，给人以无限的遐想和无尽的可能与力量。黑与白在建筑的表达上给人以简洁、单纯的视觉与心理感受；在建筑中黑与白的运用给人不同凡响的体验和视觉冲击力；黑与白在建筑中的表达还给人深厚的文化底蕴、朴素之情，如中国的水墨画一般。苏州建筑邻水而建，建筑白灰抹墙，黑瓦覆顶，黑白相济，清新自然，体现江南水乡的气韵，犹如洒脱的江南水墨画一般。苏州建筑黑瓦白墙调子的对比，在连绵起伏的山川中，形成优美的天际线，相互协调，相互依从，色彩相得益彰，体现了建筑与自然的和谐美。徽派建筑也是黑白色彩运用的典型建筑。徽州山清水秀，白墙黑瓦与青色的山峦交相辉映，勾勒出一幅素雅清新的水墨画；白墙黑瓦与点点青苔作为点缀，构成朴实秀丽的自然风光。建筑中黑白相生，黑白相互交替、重复的运用，体现了韵律感，使建筑迭落，层次感加强。如 Barreca & La 事务所设计的意大利米兰建造的黑白色调的 B5 办公楼，5 层楼高的玻璃立面与不透明的黑色板材交织，形成了简洁、明快的黑白玻璃矩阵般的外观。著名建筑师贝聿铭先生的“封笔之作”——苏州博物馆新馆也是运用了“黑白相生”的色彩：白色的墙清新雅洁与深邃的“中国黑”花岗石相结合。雪白纯洁的墙上以“中国黑”花岗石作为点缀（门、窗等），还以“中国黑”花岗石收边，既明快大方，又简洁干练。白墙为纸与黑色为边或作为点缀（门、窗）的组合，强调了苏州博物馆新馆的整体性，贝聿铭先生对其营造如传统绘画那样的白描和勾勒，又像在白纸上进行抽象书法的书写，对黑色窗户的勾勒形成了墙面与屋顶的过渡，且有画框之感，黑色对白墙从转角延伸至屋顶的勾勒，形成了白墙与黑顶的自然连续性。苏州博物馆新馆对现代建筑“黑白相生”的色彩赋予了新的内涵，做出了新的诠释，并且用现代手法营造出米芾水墨山水画的意境美。

在建筑中“黑白相生”，其在建筑中的运用对我国民族文化做出伟大贡献，使人不仅感受到历史的沧桑，文化的深厚底蕴，并感受到了道家“黑白相生”哲学思想在建筑领域的高屋建瓴的作用。

6.3.2 “黑白相生”与园林景观理法

道家的“黑白相生”色彩观对园林景观也有不可低估的价值与作用：黑色在《易经》中被认为是天的颜色，可看出道家对黑色的崇拜心理，并且黑色在中国有“众色之主”的称号。白色古人把其看作是阳光之色，蕴含着纯洁、简单、天真的意义；白色在道家的五形五色思想中是西方的代表色，方位守护神为白虎。

黑白色在园林景观中有很强的视觉冲击力和深厚的文化底蕴内涵，“黑白相生”之色感染着大众，图底互换、虚实相生。“黑白相生”之色打破色彩斑斓的形式，给人错觉、矛盾之感，充满奇妙之情，让人产生无限的遐想，并回味悠长。“黑白相生”在园林景观中，黑与白共生共存，相互作用，缺一不可；“黑白相生”在园林景观中的表达增加了园林景观的趣味性，形式虽简洁却耐人寻味，扩展了人们的想象空间。黑色与白色是色彩的两个极端色，让人们联想到昼夜更替；阴阳轮回……黑白色在园林景观中交融交会时，给人极强的视觉反差，留下极为深刻的印象。黑色的神秘庄严与白色的纯洁无瑕赋予园林景观幽远、神秘、深奥的意境。如我国的苏州园林白墙黑瓦的廊亭在蓝天碧水绿树的映衬下给人们真实、悠远、朴实、宁静之感。黑白在园林景观中的和谐统一，使得黑白不乱，达到园林景色不乱的效果。园林景观中的黑白色，黑色因为白色的存在、白色因为黑色的存在才能更好地表达自己的存在价值，以简单之色表达着丰富蕴意之味。园林景观中水墨山水的表达也是“黑白相生”的体现,黑色无穷的变化与白色映衬,形成园林中“静”与“净”的视觉感受;朴素的黑色与白色契合了园林景观中的既淡雅、宁静,又富有生机之感,黑白相生的表现使得园林呈现无限自然的表现力。黑色与白色使得园林景观在视觉与心理上产生一种温和、宁静的审美韵味,这与道家思想崇尚的虚静恬淡的意境有着相通之处。“玄化无言,神功独运……是故运墨而五色具,谓之得意。”黑白色在园林景观中与道一样的朴素,道之精神内涵使得黑白色在园林景观中更为丰富多彩,生生不息。苏州、杭州等地的私家园林景观,以黑色瓦为顶,白色为墙,对比明显、简洁、明快,表现出文人墨客清淡、高雅之情趣。现代园林景观中黑白色的运用亦为广泛普遍,如上海、南京、苏州等地的园林以黑色铸铁花格护栏为主,给人以高雅、端庄之感;天安门金水桥的汉白玉栏杆和天坛祈年殿汉白玉栏杆等,给人一种高雅圣洁之感。黑白两色的运用在广场、道路铺装中也较为多见,如黄浦江岸的游人步道——以白色大理石为底色,黑色图案镶于其中,给人以明快高雅的享受。

“黑白相生”在园林景观中给人以水墨山水、诗情画意之感,人在园林中犹如在山水水墨中畅游玩味,把人带入宁静、淡雅、深邃、明快、高雅之境界。

6.3.3 “黑白相生”与室内理法

道家“黑白相生”的思想运用黑白使其成为室内营造中最为重要的色彩。运用不同的颜色在家居中可以搭配出不同的风格。黑白是色彩的两个极端,它们具备了简朴、现代感以及素洁,并且这两个颜色节奏明确、简练单纯,因此在室内颜色中是比较适合的。由于黑白色的存在会使得那些缤纷色彩都褪去颜色,因此将原先非常繁华的场景变得朴素,同时也将原先简约的风格变成低调奢华的风格,让家居展现出一种经久不衰以及平静中不失深刻的感觉。因此黑白两种颜色是非常经典的颜色!

在缤纷的色彩世界中,简洁、凝练、单纯的黑白色在室内色彩营造中使人摆脱繁杂思维,引发人们理性的思考,黑白色以其自身的魅力赢得一席之地。黑白让人联想到太极、阴阳、围棋、书画……黑白给人宁静、深邃、脱俗的感受。在围棋中,棋手在黑白的对立统一中可以领悟到风云际会、人生际遇、兴衰与沧桑之感。讲究气韵和意境的中国书画通过点、线、面的大小、疏密、聚散、粗细、曲直等变化使黑白两色和谐相生。黑白虽然只是简单的两色,却可以演绎出不同的风情。著名的黑白艺术研究教授李以泰说:“设计作品中的黑白,无论是它的形态还是构成,都是十分丰富,千变万化的。作为语言,黑白是作品艺术效果的重要表现手段;作为形式,黑白的意义不仅仅是一种外在的形式,而且富有深层次的内涵。”[1]室内营造在表现物象时,色彩斑斓的颜色给人过于逼真的感觉,因而限制了人们的想象力;而黑白则

---

[1] 李以泰,黑白艺术学,中国美术学院出版:2001:62.

以它的纯粹和大气，给人以想象的空间，舍弃琐碎、杂乱的细节，抓住对象的精神和特征，使形象更加强烈、鲜明。设计师朱塞佩·克罗纳就深明这个道理，在他的别墅室内设计当中，我们可以品味到一种平和淡雅的时尚生活。世界级建筑大师卡洛·斯卡帕（Carlo Scarpa）的弟子朱塞佩·克罗纳（Giuseppe Corona），他是意大利威尼斯大学建筑学系的，他大胆的大面积运用黑白色系，表达出空间的简约风格，同时又赋予低调优雅的气质。白色是质朴又充满活力的，同时又给人凉爽平静之感，会使空间感觉比实际大，阳光充足的时候，白色能反射阳光使房间更明亮，而黑色释放出放松和沉思的气息，两者结合发生着奇妙的物理反应。他不是单调地把黑白主义进行到底，在室内家具搭配上反行其道采用了多种色彩。黑白的主色调中，紫色、彩色、木纹色跃然而出，既增加了几分活泼的味道，使房屋整体不过于沉闷，又让多彩的颜色在黑白的基调之下不显得轻佻，演绎出另类的风情。除此之外，设计师在极简的黑白主题色彩下，加入了精致的搭配，金属质感、水晶质感的元素被合理地运用，融合各种时尚元素，使房屋整体在细节处更显奢华。黑与白单纯而简练，现代而复古，低调而奢华，朱塞佩·克罗纳让黑白两色在他的设计中历久弥新，成为经典。提到黑白主题的代表作不得不提凯莉·赫本（Kelly Hoppen）之家。凯莉·赫本是世界顶级室内设计师，她获得过许多荣誉，她的风格以简洁、优雅以及冷静著称，在2007年，“Homes & Garden Awards”、“GRAZIA年度设计师”这两个大奖被她获得，并且她还获得了最杰出女性企业家，这个奖是由欧洲妇女联盟颁发的，因此在欧洲她的知名度很高。乔治王时代的别墅风格便是她的杰作，这个别墅占地面积达到2500平方英尺，黑白风格一直贯穿其中，室内黑色地板，白色墙面以及黑色木质滑门等等。在墙体后面使用隐藏灯，目的是让整个房间的光线能够得到满足，从而显得相对和谐。在室内设计以及室内装饰品的摆放中采取的是中性的融合，因而整个室内都存在了纺织品的气息，软缎窗帘、黑色布套沙发以及天鹅绒软垫。凯莉认为所谓自我的生活美学并非是一位顶尖设计师帮你完成一切，室内营造最主要也最难营造的是一种“情感”的味道，也许每一张椅子、每一只杯子都是来自名师设计，但假如少了人的感情，室内就像是无生命的空壳，所以她常常提供许多建议帮助主人把对于生活的感情表现在室内营造中。因而她的黑白世界不是无感情的冷峻的黑白，绿色的盆景、绽放的鲜花、透过纱窗的阳光，在室内空间黑白的主基调下却让人感觉到“情感”的暖意。

黑与白是色彩高度简练的表达形式，“黑白相生”风格的室内营造吻合了生活快节奏且思维活跃的现代人对个性和独特审美的追求，营造了一个轻松却不失内涵的室内环境。

6.4 本章小结

本章从道家思想与建筑环境营造的色彩方面进行解读。道家思想在建筑环境色彩方面主要表现为：五行五色、抱朴守拙与黑白相生。五行五色方面，我国的五行五色建筑的象征意义与建筑的实用价值相结合，赋予了深厚的文化内涵与底蕴；五行五色相辅相生在园林中让人神情愉悦，使人心旷神怡；室内要根据“五行五色”随逐自然，力求将室内元素相互协调、相互和谐，追求将人居回归自然的状态。抱朴守拙方面，追求人与自然的和谐统一，建筑材料本色与自然相互协调、与自然环境色调的和谐统一，形成建筑与自然的高度融合；园林景观在大自然中提取“抱朴守拙”之色，通过自然、纯朴之园林景观的色彩组合，给人惬意、清新、朴实的大自然之情趣；道家的“抱朴守拙”之色将自然材料的原本色展现在室内空间中，使室内空间更温馨、舒适、宜居，给人以质朴、清新、自然温暖的家之感受。黑白相生方面，建筑中“黑白相生”，其在建筑中的运用使人不仅感受到历史的沧桑、文化的深厚底蕴，并感受到道家“黑白相生”哲学思想在建筑领域中高屋建瓴的作用；“黑白相生”色在园林景观中给人以水墨山水之感，人在园林中犹如在山水水墨中畅游玩味，把人带入宁静、淡雅、明快之境界；黑白两个色彩节奏明确，简洁并且单纯，是室内色彩的经典，当然这两个色彩是无彩色系中的两个极端。本章从道家思想对建筑环境色彩的营造进行研究分析，对我国当代的建筑环境本土文化布局的色彩具有借鉴价值。

道家思想的“五行五色”、“抱朴守拙”和“黑白相生”的色彩观，体现着自然与整体的色彩思想，也是道家思想对现代建筑环境营造与大自然相结合的最高布局的境界。

道家思想的“五行五色”、“抱朴守拙”和“黑白相生”的色彩观在对建筑环境进行营造时将色彩与整体、自然普遍联系，具有某种特定结构和调节机制的稳定态或平衡态。道家思想的“五行五色”、“抱朴守拙”和“黑白相生”的色彩观是对建筑环境色彩整体的把握与自然要素的结合。“五行五色”和“黑白相生”的色彩观是使建筑环境中五色与黑白色彩之间相互依存，它们是无此即无彼，无彼即无此，有此方有彼，有彼方有此的依存关系；五色与黑白色彩之间相互包容，它们相互蕴含、相互统摄，你中有我，我中有你，层层叠叠，乃至无穷，构成建筑环境色彩多层次统一的整体；五色与黑白色彩之间相互渗透，但仍然保持着自身的统一；五色与黑白色彩之间相互转化，它们失去自身的特质转换为他色，从而使整体存在呈现一个变动的过程。“五行五色”和“黑白相生”的色彩观是对建筑环境营造，是整体色彩的营造，相互依托、相互蕴含、相互渗透、相互转化，有机、整体地营造建筑环境的色彩。受道家思想的影响，我们崇尚自然之色，人与自然的统一，人对自然的依赖，对自然之色的喜爱与依恋无法比拟，所以道家思想“抱朴守拙”的色彩观在建筑环境营造中尤为重要。在建筑环境色彩营造中显示对太阳、土地、蓝天、植物、月亮等自然之物的崇敬，以及对自然中神秘的探索与象征的偏爱之情。“抱朴守拙”的自然色彩观成为建筑环境色彩营造的艺术源泉。“抱朴守拙”的自然色彩观对建筑环境艺术进行营造时，给人的感受是宁静的、舒适的、和谐的，犹如回到了大自然的怀抱。“抱朴守拙”的自然色彩对建筑环境的营造给人以强大的自然生命力，这种自然生命力给人以完美与平和的感受。“抱朴守拙”的自然色彩观对建筑环境的营造由于赋予了自然的生命力，人们对此建筑环境也具有了深厚的情感。“抱朴守拙”的自然色对建筑环境营造给人们的感情比钢筋混凝土的工业色对建筑环境营造更具有亲和力与温馨之情，“抱朴守拙”的自然色彩观使得建筑环境不再冰冷、没有生气。

道家的“五行五色”、“抱朴守拙”和“黑白相生”的色彩观，从建筑环境营造色彩的不同方面影响着建筑、室内与园林景观的营造，但总起来说基本体现着自然与整体的色彩理念，亦符合道家整体、顺应自然的思想。道家自然、整体的色彩思想对我国的建筑、景观园林与室内的色彩营造有着非常重要的指导意义。

第7章　道家思想现代建筑环境营造的启示与价值

7.1　道家思想对现代建筑环境营造的启示

7.1.1　道家和谐发展思想与现代建筑环境营造

道家思想中把“气”作为构成事物的基质，将“气”的连续性状态作为一种理想的和谐。郑玄把“太极”之气解释为“淳和未分之气”。[1]王夫之曰：“混沌之间，和之至也。”[2]这些都表明道家思想的“气”具有连续的和谐性质。庄子曰：“万物聚则为生，散则为死。”[3]“精神四达并流，无所不及，上际于天，下蟠子地，万物化醇。”气在聚散、交融、流动中构成万物，表现为整体和谐，借用老子的说法：“气冲以为和”。[4]道家的“五行”的本质是表征宇宙万物存在变化的符号系统。按照道家思想看，如果天地万物遵循五行的相生关系，即为和谐；相反，则意味着宇宙的失衡与失和。五行观念所规定的关系完全着眼于“协调与协和”。道家和谐发展的思想指导现代建筑环境的构建朝着正确的方向发展。人们如只是注重建筑、景观或室内单方面的发展，将会引起建筑、室内和景观还有人们的不和谐发展。因此要以和谐观将建筑、景观、室内与人和自然整体构建，才会使得资源良性循环，生态平衡发展，达到人、建筑环境与自然环境的“天人合一”的和谐思想境界。在道家和谐思想的指导下，建筑环境的营造尺度不宜太大，“室大则多阴……多阴则蹶”，表达的就是这层意思。当代有的建筑、景观和室内尺度过于高大与宽广，尺度和人的亲和力相对较差，让人感到压抑与陌生，这就是建筑环境营造时的不和谐的表现。随着时代的进步与发展、人们意识的提高，当代建筑、室内和景观相互融合，建筑环境与自然融为一体、相互依托映衬，将会达到人、建筑环境与自然“天人合一”和谐共生的局面。

世界著名华裔建筑师贝聿铭先生设计的苏州博物新馆就是运用道家的和谐思想进行建筑、景观与室内营造在整个园林的布局中，通过和忠王府以及拙政园相互连通，并且借助水面，让这个建筑的风格得到延伸（图 7-1）。新馆被分成三个部分，并且其布局是坐北朝南，中央部分是主庭院、入口以及

---

[1] 文选・注引.
[2] 张子正蒙注.
[3] 庄子・知北游.
[4] 老子，道德经，金盾出版社，1999：36.

图 7-1 苏州博物馆新馆与周围建筑环境和谐布局图
（来源：高福民，贝聿铭与苏州博物馆）

中央大厅；东部是行政办公区以及次展区；西部是博物馆的主展区。这种东、中、西的布局十分有特点，并且和东侧的忠王府相互映衬，显得非常和谐。对于新馆，特点是与拙政园的景色相互辉映、相互借景，两者非常默契，因此新馆既能将自身的建筑特点显示出来，又能够将历史建筑环境的要求体现出来。新馆通过园林、庭院以及中轴线相互结合起来，这样整个新馆的城市肌理以及空间布局都会达到最佳。新馆的设计风格传承了苏州的建筑风格，将新馆设计在院落之间，从而让周围环境和新馆能够很好地结合在一起。对于博物馆的风格设计，其是在拙政园风格基础之上进行现代版的诠释和整体风格的延伸。苏州博物馆体现了现代建筑体系中的道家思想。

7.1.2 道家大道至简思想与现代建筑环境营造

道家的老子早就说过“少则得，多则惑”。意思就是要把事物的本质加以总结与提炼，取其精华，弃其糟粕。孟子的《孟子·离娄下》中说“博学而详说之，将以反说约也”，这句话的意思就是学习的过程就是博览广泛地去学，之后钻研专攻，最后从广度与深度提升为精辟的内涵。一向不喜欢奢侈的老子与庄子，自然朴素美是道家的老子、庄子他们所追求的。庄子在《庄子·天地》中说：“且夫性有五：一曰五色乱目，使目不明；二曰五声乱耳，使耳不聪；三曰五臭熏鼻，困惾中颡；四曰五味浊口，使口厉爽；五曰趣舍滑心，使性飞扬。此五者，皆生之害也。”[1] 这说明了庄子对复杂之物不喜之表达，庄子思想与老子“致虚极，守静笃”的大道至简思想相一致。道家的大道至简的思想深入到了当代的建筑、景观，以及室内的营造，大道至简以人为本，考虑人们的需求，让人在建筑、室内与景观活动时更加的舒适自由。

大道至简在现代建筑环境的营造中追求以人为本、以人的舒适为营造前提，更加关注生活，关注媒体信息、新技术的发展，从中获得设计灵感，建造技术的完善推动了当代建筑环境营造的变化与发展，人对简洁、建筑环境淳朴本质形态的向往，是时代特征的直接反映。道家的大道至简思想在建筑环境中的核心就是在建筑环境中要以人为本，建筑的布局与功能的营造都要时时刻刻考虑人合理、方便的实用性。大道至简的思想不是要表现设计师的个人设计能力，最主要的是要创作出舒适、实用的建筑、景观与室内空间；如建筑环境空间华而不实，脱离人的使用功能，再特别的设计也不会是道家

---

[1] 庄子，庄子·天地，中华书局，1996：78.

大道至简思想所推崇的。建筑的所谓简练、景观的过于空旷、室内毫无生气的简洁是表面地理解道家大道至简的内涵，是形式主义的表达，是表皮的模仿，并没有理解道家大道至简的深层含义所在。在建造医院时，要充分考虑医院的特点，它是一个健康、舒心并且非常安全的地方，因此设计医院建筑要体现的就是安全；如果设计办公室建筑，就必须体现出这是一个充满乐趣并且非常有效率的一个地方；设计公园的景观要体现的是轻松愉快的氛围；如果设计室内营造，那么就要展现出一种让人非常想入住的感觉；因为环境会影响一个人的心情。合理、方便、人性化的建筑环境营造，不仅能满足人们基本的使用需求，还能满足人们的心理要求，并让人们在建筑环境的使用中能感受到趣味。

因此，在对现代建筑环境营造之前，作为设计师，要对人的尺度、使用的习惯性心理需求等进行研究，然后再将建筑、景观与室内进行合理的布置与功能营造，人的需求（生理与心理）的营造与实用功能营造要放在首位。建筑、景观与室内的营造满足人的生理需求是基础，即要让人在建筑环境中不感到难受；满足人们的心理要求是达到生理基础之上的升华，即要让人在建筑环境中感到愉悦。满足人们心理与生理需求并符合时代发展的建筑环境营造将实用性与形式完美结合，凸显了建筑环境形式美的内涵魅力与大道至简思想的本质充分表达的内涵，舒适宜人的建筑、景观与室内环境氛围的营造才能得到更好的体现。

7.1.3 道家道法自然思想与现代建筑环境营造

“道法自然”，语出老子《道德经》:“人法地，地法天，天法道，道法自然。”道家思想的道法自然就是遵循自然事物的发展规律，而不是与其相对、相悖。道法自然中的“道”就是道家思想认为的万事万物的规律，所以道家的思想中以“道”为核心，以“道”顺其自然，万事的发展围绕“道”展开。万事万物基本都处于与自然和谐共存发展的状态，如与自然相顺应，就能达到和谐状态；如与自然相悖，和谐状态就会失衡，不能达到理想的状态。

现代建筑环境的营造尊重自然，追求当代建筑、景观与室内的营造和自然的整体性，与道家的“道法自然”思想有着相通之处。自然是天地万物的有机整体，是宇宙万物的运行规律，还表达自然无为，不加修饰之意义。“道法自然”的思想就是“天人合一”、“万物一体”之境界，道家的这一宇宙整体自然观对现代的建筑、景观与室内的营造具有重要的指导意义。建筑、景观与室内在近几十年走过一段弯路（建筑孤立于周边环境，景观、室内、建筑和自然毫无关系）之后，人们又重新认识到了现代建筑环境与自然的整体关系，达到现代建筑环境的营造与自然和谐相处的目的。现代的建筑、景观、室内、道家“道法自然”的思想指导下，是崇尚自然并且赋予生命力的建筑环境。自然是现代建筑环境的基本和营造的灵感之源。现代有“生命”的建筑环境有机体，它们的建筑、景观与室内为其营造相互提供了顺其自然的环境，建筑、景观与室内本身就是一个整体的生命体，相互联系，不可分割，所以在对建筑、景观与室内的营造时要整体地顺应自然而进行营造，我们人类也是自然的一部分，也要顺应自然，而不是与自然相悖与作对，道家“道法自然”的思想对现代人类的建筑环境的整体营造发展有着至关重要启示。“道法自然”是人们顺其自然、崇敬自然，道法自然的建筑、景观与室内是对自然中营造的建筑、景观与室内与自然相适宜并融于自然。道法自然的建筑、景观与室内的营造应与自然相融合，成为自然的有机组成部分，它是环境自然的一部分，是为自然增加亮点，而不是对自然进行毁坏。现代建筑、景观与室内的营造要与自然相融，犹如在自然中生长出来，这样的建筑环境既有当地的特色与地域性，又顺应了自然。

当代世界建筑大师莱特的建筑环境营造就是遵循“道法自然”的思想（图7-2），追求自然性与整体性，他认为建筑、景观与室内是自然的一部分，属于自然。并且他还认为每一个建筑，由于所处的地理环境的不同，应该有不同的特点，这个特点不应该是异于自然而是应该融于自然，并且在建筑环境的营造时将这种思想由内而外、由外而内地贯穿，使建筑、景观与室内成为组成建筑景观的局部，它们相互有着密不可分的联系，构成了自然的一部分。建筑环境在自然中犹如在自然中生长出来的，而不是在自然环境中显得尤为突兀，室内外的营造相互联系、相互延伸、互容营造，室内室外融为一体，不可分割。天津大学为冯骥才先生所建设的文学艺术研究院（图7-3），由中国建筑大师周恺设计的建筑环境亦采用了“道法自然”之思想。建筑的外立面以质朴的、不加装饰的混凝土拉毛方式对建筑进行营造，让人感受到淳朴自然、沧桑之情，建筑外立面的虚虚实实、实实虚虚、大大小小、宽宽窄窄……自然随意的立面构图使建筑层次丰富，丰富的外立面将内外景色相互连通，打破了人为在自然中所设立的界限，将建筑与自然相融合。此艺术研究院建

图7-2 莱特建筑与自然完美结合
（来源：www.baidu.com）

图7-3 天津大学冯骥才艺术研究院建筑环境与自然结合
（来源：www.baidu.com）

筑一层为架空，将水引入架空的空间中，建筑与水的巧妙结合，赋予建筑生气与活力。建筑环境营造自然朴实，光影塑造唯美，建筑环境空间与自然互为融合、互为依托，使建筑环境与自然共存，是“道法自然”思想在建筑环境中的表达。建筑在自然中有机地生存，自然与建筑相包容；建筑之景体现着自然，自然之色融于建筑，彰显着意犹未尽的自然之美。这座建筑环境中，庭院成为建筑环境中的一个主体，庭院中以水加以营造，水池波光粼粼，池中栽种荷花，荷花与荷叶在清澈的水面上漂浮，红色、黄色、白色的鲤鱼在水中自由的穿梭，动静结合的自然之趣，让人静坐沉思，享受自然赋予的厚爱。鱼儿漂游，流水缓缓而动，荷花、荷叶浮于水上，竹声瑟瑟，鸟鸣莺啼，植物攀爬，阳光漫射，光影悠然，石之朴趣，趣味盎然……此为自然与建筑环境的诗意的表达。

7.2 道家思想对现代建筑环境营造价值

7.2.1 道家思想与现代建筑环境审美价值

道家思想的审美本书主要从道家的“含蓄美”、“虚静美”与“大美”方面进行分析，道家的审美思想对现代的建筑环境审美具有重要的价值。道家思想“含蓄美”对现代的建筑环境审美也具有借鉴价值，道家思想在当代建筑环境的表达上以隐喻、借景、遮而未挡等对建筑、景观与室内的营造体现道家思想的审美价值。将道家“虚静美”的内涵引入建筑，对于当代建筑环境高逸、清净、纯朴的审美价值营造无疑具有积极的意义。道家思想的“虚静美”，通过对现代建筑环境宁静的空间、静态的水流、自然的树木等等，表现现代建筑环境审美的清、淡、静、雅的审美韵味。道家审美的“大美”思想在现代建筑环境中的价值就是建筑环境与自然环境、人文环境的和谐，是建筑、景观与室内、人和自然的和谐，道家的“大美”思想就是自然之美，科学理性和人性化的和谐美。

道家的审美价值在现代建筑环境的营造中要求尊重场地、尊重地方文化习俗，建筑环境的营造与自然中的气候相结合，建筑环境的营造与自然能源相结合，顺应自然与自然相融的道家审美观对现代建筑的营造与实践提供自然的审美观。道家审美思想是以自然法则和事物的内在规律为营造基础的一种思考方式。道家的审美思想源于自然，使现代建筑的发展更生动、经济和生态，进行真正回归建筑环境本源的营造。建筑环境的营造源于自然、融于自然、逝于自然，人们可以真正地体会到建筑与自然无缝隙的融合状态。自然与建筑环境的融合，让我们在营造建筑环境时要尊重自然，顺应自然，将自然资源有序利用，进行自然生态的营造。道家含蓄的审美思想使建筑环境营造富有诗意，以其特有的共生与互动、柔化与复杂、隐喻与个性、诗意与浪漫，体现含蓄美在现代建筑、景观与室内的当代价值。

国际建筑大师王澍所设计的中国美术学院象山校区（图 7-4）可以说是

道家审美在现代建筑环境中的价值体现得尤为突出。建筑环境是对自然进行诠释，因此在自然场景之中建筑场地被重新再造，也是在原生态自然中的尝试，原生态是由山水、森林、花草组成。对于这个设计，王澍做足了功课，多次爬上六和塔，他通过这个塔来观察周围环境，通过镜头将这些美景完全记录下来，然后对这些美景的镜头进行仔细观察，王教授在做了一些更改之后将这些美景完全分布在校园的各个角落。经常有一些似曾相识的风景会突然出现在我们参观的眼中，当然其中最美妙的是在其中的一个院子里，当我们回头时《溪山行旅图》(图 7-5）的镜头展现在了我们眼前，突然感觉有点身临其境。因此当你在校园里散步时会有各种各样的惊喜等你去发现，石墙、水泥抹灰本色墙、砖墙、夯土墙都是非常的朴素，这些墙的砌筑方式都不复杂，因此衍生出一种生趣盎然，随自然变化而变化的特点，在面对自然本能的审美时，能够将人们长期与山水共存的特点显示出来。道家审美思想不将任何人为的设计思想强加在这片土地，而是将含蓄美、虚静美与自然之美转换为建筑环境的当代价值深深扎根在象山这片土地之中。

7.2.2 道家思想与现代建筑环境空间价值

道家思想的空间内容方面，本书主要从“崇‘无’”、“欲露先藏”、“虚实相生”与“诗情画意”方面进行了分析，道家的空间思想对当代的建筑环境空间亦具有非常重要的价值。

建筑环境空间中，人们适用的部分不是实体而是由实体围合出来的空间，

图 7-4 中国美术学院象山校区
（图片来源：作者拍摄）

图 7-5 溪山行旅图
（图片来源：世界名画苑网）

并且建筑环境空间的存在依赖于它的实用价值而不是本身，因此“无”在当代建筑环境空间的价值就凸显了出来。道家的“无”思想在建筑环境空间中为“隐”的空间，虚的空间，是建筑环境空间中不可分割的有机体。“此处无物胜有物”道家“无”的思想空间表达给人以遐想、联想的空间，使现代建筑环境空间增添了空间内容与韵律，并且还增加了空间情趣，“有无相生”情趣盎然。“欲露先藏，含蓄有致”的空间营造使得现代建筑环境空间更为丰富，变化多端，意味深远。道家“虚实相生”思想在建筑环境营造中，空间实体与虚体相互依托、相互作用。虚实空间相互交错，虚中有实，实中有虚，空间变幻，对现代建筑环境空间具有更好的诠释。道家思想“诗情画意”在现代建筑环境的空间营造中体现出了中国“画意”之韵味。“诗情画意”的“虚”、“静”、“玄远”、“空灵”、“逍遥”的空间表达，使现代建筑环境空间的营造如画在景中，景在画中，寄情于景，情景交融，给人以无限的遐想与回味。

综合道家思想对现代建筑环境空间的影响价值主要表现在庭院空间的运用上。“庭院深深深几许”将道家在建筑环境空间“崇‘无’”、“欲露先藏”、“虚实相生”与“诗情画意”的思想概括传承至现代建筑环境之中。现代建筑环境与庭院结合为虚实相生，庭院为“无”，在建筑环境中步移景异，可堪“诗情画意”，庭院空间的引入增强了现代建筑虚实合德的空间魅力。国际著名建筑大师贝聿铭先生所设计的北京香山饭店就是现代建筑环境与庭院空间结合得很好的范例。香山饭店位于北京西郊的香山公园内，建于1982年。香山饭店的建筑环境运用了道家的建筑环境空间的思想，对建筑环境轴线、空间序列及庭园的处理规整中略带轻巧。整座建筑空间凭借山势，高低错落，蜿蜒曲折，院落相见，庭院空间的开窗采用“借景”，体现出了道家思想“崇‘无’”、“欲露先藏”、“虚实相生”与“诗情画意”之思想。香山饭店院落式的建筑空间既有江南园林精巧的特点，又有北方园林开阔的空间，其中山石、湖水、花草、树木与白墙灰瓦式的主体建筑相映成趣。又如万科第五园（图7-6）的建筑环境营造也运用了庭院：前庭、中庭、内院为极具中国特色的院落空间，介于极度私密与开放的虚空间，不仅是家人沟通、共享的场所，还是关乎自然、传统、美学的心灵归属，提供身心休憩的所在；庭院的引入可供人们玩诗论月，独坐片刻，喜乐无穷；如此丰富的生活层次，将中国式的居住情趣随意挥洒。

7.2.3 道家思想与现代建筑环境布局价值

道家思想的布局内容方面，本书主要从“风水观”、“阴阳”与“道法自然”方面进行了分析，道家的布局思想对现代的建筑环境布局亦具有非常重要的价值。

如今，生态失衡，资源匮乏，自然受到严重的毁坏，建筑环境的营造怎样与自然和谐相处，道家思想对现代建筑环境布局的价值凸显得尤为重要。与自然相悖的城市发展观，在当今，人们将会以自然观的思想对其重新进行审视。为了环境的“可持续”，现代建筑环境要求对人类环境建设进行深入的

图 7-6　万科第五园
（图片来源：作者拍摄）

思考。道家思想的指导下，现代建筑环境所包含的生态观、有机结合观、地域与本土观、回归自然观等等，都是可持续发展现代建筑环境的建构内容。根据道家的布局思想，当代建筑环境的布局要因地制宜、减少对自然环境的破坏，要对建筑环境布局进行综合考虑，使建筑、景观与室内产生内在的联系，形成一个完善的有机整体。现代建筑环境的布局要作为一个有机的系统来营造，要与自然系统相调和共生，形成良好的建筑环境生态循环。现代建筑环境在道家思想布局的指导下，更要注重与自然地理条件相融合，和大自然和谐相融，才能走上可持续发展的道路。现代建筑环境在布局时要营造小的环境，将自然景色引入建筑环境布局中，可将花草植物等引入到建筑环境的平面、立面与顶面的布局中，实现立体绿化；自然中的水也可引入建筑环境的布局中，植物与水的引入对现代建筑环境起到改善与调节微气候的作用，表达了道家思想在现代建筑环境布局中的“风水观”、“阴阳”与“道法自然”的价值体现。依据道家的整体生态思想，建筑环境的布局可以根据自然气候而营造，将建筑环境的布局与气候相结合，顺应自然，利用自然，如绿色植物替代水泥墙体将空间分隔，既生态自然又将建筑环境与自然完美的融合。现代建筑环境的布局将中庭以玻璃覆盖，既可以阻挡太阳的强射、大雨大雪的袭击，又保留了良好的采光与通风，现代建筑环境的布局改善了传统建筑采光的局限性与雨雪袭击时室外空间不能得到更好利用的状态，并且在阳光充足的天气里，建筑的室内能够得到充足的阳光，节约了室内的能源，还能让人在室内也能享受到大自然阳光的普照。

道家“道法自然”的整体思想，在现代建筑环境布局上保护了生态、回归自然，在自然中寻找适合建筑环境营造的布局，在建筑环境中寻求与自然共存的契合点，将建筑环境与自然有机地结合成为一个整体，整体营造，不可分割。

7.2.4　道家思想与现代建筑环境色彩价值

道家思想的色彩观方面，本书主要从“五行五色”、“抱朴守拙”、“黑白相生”方面进行了分析，道家的色彩观对现代的建筑环境的色彩亦具有非常重要的借鉴价值。

道家的色彩观“五行五色”、“抱朴守拙”、“黑白相生”，虽从不同方面对道家色彩观进行分析，但归根结底道家色彩观主张回归原色与无色的色彩世界。道家思想在人们面对复杂世界时，以无色观重返自然，返璞归真，回归原始的本色状态。庄子提出“天地与我并生，万物与我为一”。老子的思想启示人们应保持纯真，婴儿的天性存于心，保持心的本真状态。道家的色彩观与其对人性的质朴追求也有关联，道家主张自然之色，即为本真之状态。以无色中发现自然，无色是道家也是自然之色对原始色彩的本真表达。我国的建筑环境色彩的表达曾无序、混乱，甚至冲突，造成视觉污染，在这样的情况下，道家崇尚自然、朴素的色彩观对现代建筑环境的色彩的选择与运用有着至关重要的价值。对于人类来说，自然本色总是易于接受，甚至是最美丽的。因此，现代建筑环境的色彩永远不能与大自然的魅力竞争，但要尽量保护、突出自然原色的色彩，尤其是树木、草地、大海、河流、岩石的自然本色。限研吾所设计的“竹屋”（图 7-7），运用的就是竹子的自然本色，表达与自然的融合；青岛新建的滨海长廊，用褐色原木架构，不仅体现了对大自然的尊重，同时也融入滨海风光；刘家琨所设计的鹿野苑（图 7-8），采用石材本色，表达建筑纯净、脱俗、超凡的艺术氛围，这些都是非常成功的案例。建筑环境和自然的完美结合，是利用现有的自然资源，使现代建筑环境色彩与城市自然环境相协调，自然、完美、和谐。道家色彩观对现代建筑环境色彩运用的核心是建筑环境的本色或无色与自然生态环境相和谐。这种和谐要求的是建筑环境色彩的变化，现实的统一或协调的差异。现代建筑环境色彩的协调，建筑环境材料本色必须先与自然环境色彩进行协调，而后围绕建筑环境材料本色的主色调进行搭配。

道家的色彩观不追求色彩的华丽，崇尚自然界原真、朴素的色彩是道家所推崇的，“大音希声，大象无形”是道家色彩观的哲学理念。现代建筑环境要走出色彩杂乱无章的误区，就要以道家色彩观为指导，充分考虑到自然生态的协调，反映当地的文化地域特征，营造出一种和谐、悠闲、舒适的色彩环境，使人们能够回归到自然，体味自然的色彩之美。

图 7-7　限研吾的“竹屋”
（来源：作者拍摄）

图 7-8　刘家琨鹿野苑
（来源：作者拍摄）

7.2.5 道家思想与现代建筑环境材料价值

本书主要从“返璞归真”、“阴阳调和”、“阴柔”方面运用道家思想对建筑环境材料进行了分析，道家的思想观对现代的建筑环境的材料亦具有非常重要的指导价值。

虽从“返璞归真”、“阴阳调和”、“阴柔”道家思想等不同方面对建筑环境材料进行分析，但归根结底道家对建筑环境材料主张采用自然材料，运用整体的思想。现代在工业迅速发展的情况下，建筑环境材料多为人造工业材料，人们每天面对冰冷的、没有人情味的水泥、混凝土，确实让人感到不舒服。工业的人工材料也存在着不健康的隐患，人工材料对人的健康有着潜移默化的危害，影响着人们的健康，并且发展中国家与发达国家都面临这样的问题。材料是建筑环境中非常重要的方面，要想将这些问题解决就要从此处入手，尽量少用人工的材料；采用道家道法自然的思想将自然、生态材料运用到现代建筑环境中，增加现代建筑环境材料的生态与情感，达到人与现代建筑环境和谐共生的生活方式。现代建筑环境材料应回归到自然淳朴的状态，选取当地的乡土自然材料进行表达。为什么要遵循道家思想选取当地的乡土自然材料呢？与现代的工业材料相比，地域的乡土自然材料更容易让人感到熟悉、亲切，且乡土自然材料取材容易、便捷，施工也较为成熟；乡土自然材料是会呼吸的有生命的材料，易与自然相结合，表达和谐沉静的建筑环境气氛。我国的文化里，人与自然的关系不应是人凌驾于自然、脱离自然，而是自然与人和谐共生。所以现代建筑环境材料要来源于自然，体现自然，融于自然，最后回归于自然。受道家思想的影响，在营造现代的建筑环境时要尊重自然赋予我们的天然材料，将材料自然特性（质感、肌理、色泽等等）的一面进行充分的表达，让建筑环境融于自然，成为自然有机的组合部分。人类在营造建筑环境时要向自然学习，将现代建筑环境营造得犹如自然之物。中国的建筑环境通过自然材料的营造，达到一种非常接近自然的状态，这就是道家“道法自然”思想的体现。如日本现代木建筑“巢 Nest”（图 7-9）是2010 年建造的，建筑地址位于山脚下，其建筑环境材料由自然的木材对其进

图 7-9　日本现代木建筑“巢 Nest”
（图片来源：www.baidu.com）

行营造，此建筑与自然相互的融合，犹如在自然中生长出来。建筑师妥善地处理环境与建筑物的衔接及过渡，使建筑与自然不可分割，设计者使建筑与自然成为一个整体，犹如鸟儿在森林中建造自己的窝一样，与自然相融，于是材料选取方面选用了当地的木材。并且建筑中间一个区域保留了原始地貌，把“自然”留在建筑内部，这种模糊的设计让各处均成为可达区域，家人间也更容易接近。建筑自然材料的选取创造出一种被森林环抱的感觉。

道家思想崇尚自然观的影响下，现代建筑环境要以自然材料为载体，以传统技艺为手段，与现代建筑形式相结合，表达了现代建筑环境以自然、生态的道家思想建筑环境理念。

7.3 本章小结

道家思想的和谐观，以及大道至简与道法自然的观点对现代的建筑环境营造、人与自然的关系有着深刻的理解与启示意义。道家思想在现代建筑环境中的审美、空间、布局、色彩与材料等方面的关联与影响，为我国本土地域特色的建筑、园林景观与室内的建构提供有益的文化内涵和原创动力，具有巨大的社会价值。

第8章　结论与展望

8.1　结论

文化的传承与表达是建筑环境营造的灵魂。道家思想是我国“土生土长”的哲学思想，至今仍然在建筑、景观和室内等营造中运用，极其的广泛与普遍。正如李约瑟在其所著的《中国科学技术史》一书当中所言：“若使中国不具备道家思想，则就如同失去深根的大树，终将会倒下。而在今日看来，中国道家思想的深根还是有着勃然生机的。”由此可看出，道家思想不仅仅是我国“土生土长”的文化，它对我国本土文化、地域性文化在建筑环境中的传达有着不可磨灭的作用与意义。道家思想在现代建筑、室内与景观中的营造追求心灵上的慰藉与共鸣，寻找中国本土的归属感。当今的中国工业化与城市化发展迅速、大搞建设，中国国土成为国外建筑师的“试验田”，建筑环境设计千篇一律、没有中国的精神与文化灵魂的今天，寻找中国文化，从“土生土长”的中国道家思想中提炼、总结我国本土文化，使中国的本土地域文脉得以保留与发扬，体现在建筑、室内、景观的营造上势在必行。本书从建筑、室内和园林景观的营造中从审美、空间、材料、布局与颜色等方面高度提炼了道家思想的运用：

道家思想对建筑环境的营造是理论与实践的结合，道家文化与思维对我国当今建筑环境的营造有着借鉴价值，体现我国建筑环境的本土与地域化的内涵，给人们以“归属感”。

道家思想与建筑环境营造总结表（作者自绘）　　**表 8.1**

营造内容		类型	道家思想	建筑环境体现
审美	含蓄美	建筑	“立像以尽意”，“于是始作八卦，以通神明之德，以类万物之情”	从建筑的“象”到达“意”的深层含蓄寓意，从建筑的表层深入到意的本质
		园林景观	“背依绵延山峰，俯临平原，穴周清流屈曲有情，两侧护山环抱，眼前朝山，案山拱揖相迎”	园林含蓄美以幽深曲折与对景色的组景、借景都使人觉得比原本的园林空间大，给人以含蓄的审美想象空间
		室内	道家思想的含蓄美于室内，不是直白的表露，是对室内内容的逐层引入、渐渐深入、慢慢展现	室内多设计为不易让人有“一望无垠”之感，要逐步展示，所以中国室内一进门处总会有一个屏风之类遮挡住视线
	虚静美	建筑	“致虚极，守静笃，万物并作，吾以观复”	“虚静”美，通过建筑宁静的空间、静态的水流、自然的树木等等对建筑的渲染而成，表现建筑的清、淡、静、雅，超凡脱俗

续表

营造内容		类型	道家思想	建筑环境体现
审美	虚静美	园林景观	“……故寂然凝虑，思接千载；俏焉动容，视通万里……是以陶钧文思，贵在虚静，疏沦五脏，澡雪精神”	中国人的心灵向往融入宇宙大生命体中，故而有追求静、远的倾向。中国园林营造给人的心灵感觉是宁静、旷邈、幽深的
		室内	“岂唯不见人，嗒然遗其身。其身与竹化，无穷出清新。庄周世无有，谁知此凝神”	室内的营造凸显道家“虚静”思想，是以心灵内在的宁静、自由去感应室内任何物态、时景；一桌一椅、一瓶一石，都足以引发人们的遐想神游，体味这种宁静、悠然而玄远的心境
	大美	建筑	“天地有大美而不言，四时有明法而不议，万物有成理而不说”	建筑的大美最重要的前提，不在于建筑技术的研发，而在于回归自然简单的生活
		园林景观	“大美不言”	道家“大美”之思想在园林景观中的运用，发乎对于清净生命与生活的渴求，企图恢复自力与协力营造的自然和谐，师法与传承大自然赋予人类的宝贵财富
		室内	“大音希声”之美	“大美”室内营造的理念在人造的环境当中去模仿大自然的生态系统，达到与自然共生、生态循环、可持续发展的室内环境
空间	崇无	建筑	“三十辐，共一毂，当其无，有车之用也。埏埴以为器，当其无，有器之用也。凿户牖以为室，当其无，有室之用也。故有之以为利，无之以为用”	建筑实用的部分不是实体而是由实体围合出来的空间
		园林景观	“无形而有形生焉”	中国园林中“无”空间的营造以水体的造影使得蓝天映入水中，使观赏者视线延长；以亭、廊、桥和植物与曲折的水岸相互掩映，给人以“虚无”意境的想象
		室内	“大象无形”	室内环境“无”的营造给人以最大的想象空间，给人以放松的时间，给人以温馨之情的慰藉……室内环境“无”的营造使空间变得更为纯净
	欲露先藏	建筑	“含蓄有致”	建筑空间形成高低错落的变化，构成大小、横竖、宽窄不等，有收有放的空间，从而组成既有规律又富于变化的建筑系列，使空间丰富具有感染力
		园林景观	“景愈藏，景界愈大；景愈露，景界愈小”，符合“含蓄有致”的思想	园林要有欲露先藏、静谧的氛围，使游人有宁静的心情，形成一种清旷深远的意境
		室内	“适时而遁”	空间表达在室内空间的营造中，由于“藏”的空间铺垫，使得主体空间更突出、丰富、多样，而且给人们的印象更为的深刻，回味无穷
	虚实相生	建筑	“天下万物生于有，有生于无”	中国建筑中围合空间没有固定的界限，道家思想的虚实相互渗透在建筑空间中，体现得淋漓尽致
		园林景观	“有无相生”	园林空间方面的改变具体是通过虚实转化来达到的。虚实转化属于深具韵律感的秩序，虽然没有声音，但是却有着节奏感，可以让观赏者体会到舒畅和悠然的感觉。虚实相生代表着中国园林设计的最高境界，宛如进入诗画当中
		室内	“天下万物生于有，有生于无”	室内的虚空间以实空间为载体，表达意在言外之情感；虚实空间相互映衬，超出实体感知，进入有限的形与无限的意的相互交错之状态

续表

营造内容		类型	道家思想	建筑环境体现
空间	诗情画意	建筑	道家“虚”、“静”、“玄远”、“空灵”、“逍遥”思想	“诗情画意”在建筑空间中的运用使人触景生情，融情于景
		园林景观	道家“虚”、“静”、“玄远”、“空灵”、“逍遥”思想	园林不仅要把秀美的山水构图微缩在园林中，还要参考画的意境，讲求立意深刻，将自然之情写意再现
		室内	“虚”、“静”、“道法自然”	“诗情画意”在室内空间的营造表达是道家思想“朴质无华”、“虚”、“静”的一种极高的“道”的境界
材料	返璞归真	建筑	道家思想认为，事物原初的本性是淳朴和纯真的，是近于“道”的本性的	道家返璞归真的思想在建筑材料营造中，要从我国地域性与民族性的历史文化流域中寻找符合我国特色的建筑材料，低碳环保生态的本土自然建筑材料，既能表达我国的人文精神又能表达道家“天人合一”的思想
		园林景观	道家思想主张“大地以自然为运，圣人以自然为用，自然者道也”	园林景观中的自然材料最充分、最完全地体现了这种“无为而无不为”的“道”,大自然本身并未有意识地去追求什么，但它却在无形中造就了一切
		室内	“道法自然”、近于“道”的本性	在众多室内的营造与自然相隔离的情况下，道家思想的返璞归真在室内材料中的运用，完全符合人们潜意识下对大自然的渴望，让人感到无限的温馨、舒适
	阴阳调和	建筑	“一阴一阳谓之道也”	阴阳属性，并不是绝对的，而是相对的，这种相对性，在一定的条件下可以相互转化，在建筑材料中道家阴阳调和思想的应用充分体现了整体观的解读
		园林景观	“孤阴不生，独阳不长”	（木）植物、土、山石与水等材料在园林景观中的营造是道家阴阳调和思想的体现
		室内	“万物负阴而抱阳，冲气以为和”	室内自然材料的阴阳调和，让人感到像走进一种特定的境界，一时之间也抚平了现代人惶惶不安的生活情绪，让心灵得到与自然气息相通的纾解
	阴柔	建筑	道家无知、无为、无欲、不争，贵柔、守雌、主静思想	五行与五种材料相对应，在道家思想的文化中土与木最适合为我国人营建屋舍，我国传统建筑以土与木材料居多，由此也确立了我国建筑材料以“阴”为主的特性
		园林景观	道家无为、无欲、不争，贵柔思想	我国园林景观主要以木（植物）、土、水等为主要材料，营造更加舒适宜人的园林环境，树木高低参差，桥迂回蜿蜒，收放自如，亭台山石交错通达，极富立体感与韵律美；园林植物袅袅依然，几许暗香袭来，碧水环景，景中含诗，浓情墨意，石水叠景，复廊委曲，细腻舒适
		室内	道家无欲、不争，贵柔、主静思想	室内中“自然、淡泊、雅静”的阴柔，是中国道家文化在室内中蕴意的体现，也是中国人对大自然的柔美的追求和向往的表达
布局	风水观	建筑	“顺乎于自然之道”	建筑的布局相互联系、互为依存。“风水”功能本身要求基于宏观背景来掌握各个子系统之间的关联情况，对建筑结构进行优化，以此达到最佳建筑布局的目的
		园林景观	“万物负阴而抱阳”	风水学家和造园家借用风水学成为园林布局的基本形式
		室内	“顺乎于自然之道”	室内的布局对道家“风水”思想的运用，不是没有依据的对迷信的追逐，而是在长久的实践中得出的对现实科学的总结与归纳
	阴阳	建筑	“一阴一阳谓之道也”	中国建筑的布局营造也可解释为阴阳的相互作用。中国建筑最重要的两个布局类型，在许多研究中都被概括为：外阴内阳和外阳内阴（外虚内实和外实内虚）

续表

营造内容		类型	道家思想	建筑环境体现
布局	阴阳	园林景观	“阳用其形，阴用其精，天人之所同也”	中国园林在阴阳布局与园林元素阴阳转换下，表现出了丰富多变的生命力与灵动感
		室内	“孤阴不生，独阳不长”	室内布局的营造要注重阴阳和谐、整体的统一感，墙体、地板及家具的布局搭配要协调，达到和谐协调的阴阳才有相存共生的效果
	道法自然	建筑	“人法地，地法天，天法道，道法自然”	中国建筑与当地的地域、气候和建筑所处的外部自然环境相协调，体现道法自然的建筑布局生态观，使得建筑的布局与大自然环境和谐相处相依
		园林景观	“人法地，地法天，天法道，道法自然”	园林中的建筑、堤岸、假山、水景与植物等自然营造，布局灵活、多变，不拘一格，构成宛若天成的“道法自然”园林地貌
		室内	“人法地，地法天，天法道，道法自然”	人类自古崇尚大自然本性与自然之气息，道家“道法自然”思想在室内布局的运用力求悠闲、自然的田园生活情趣，来营造、渲染室内氛围
色彩	五行五色	建筑	“东方木，在色为苍；南方火，在色为赤；中央土，在色为黄；西方金，在色为白，北方水，在色黑”	我国的五行五色建筑的象征意义与建筑的实用价值相结合，赋予了深厚的文化内涵与底蕴，达到道家思想相互协调、相互平衡之作用
		园林景观	园林中的建筑、山石、流水、树木、道路等都代表不同的五行五色：建筑为五行中“土”，代表色为黄色；流水为五行中“水”，代表色为黑色；山石为五行中“火”，代表色为赤色；树木为五行中“木”，代表色为青色（蓝色或绿色）；园路为五行中“金”，代表色为白色	五行五色相辅相成，园林中山清水秀，避风向阳，会让人神情愉悦；流水潺潺，草木欣欣，会使人流连忘返；莺歌燕舞，鸟语花香，会使人心旷神怡
		室内	“东方木，在色为苍；南方火，在色为赤；中央土，在色为黄；西方金，在色为白，北方水，在色黑”	室内要根据“五行五色”随逐自然，力求使室内元素相互协调、相互和谐，使得居住者可以更为舒适，追求将人居回归自然的状态
	抱朴守拙	建筑	“见素抱朴，少私寡欲”	“抱朴守拙”的色彩观，崇尚自然，质朴无华，追求人与自然的和谐统一，万物皆为自然的一部分，建筑材料本色与自然相互协调、与自然环境色调的和谐统一，形成建筑与自然的高度融合
		园林景观	道家纯朴、自然、无为、无欲思想	园林景观在大自然中提取“抱朴守拙”之色，通过自然、纯朴之园林景观的色彩组合，给人惬意、清新、朴实的大自然之情趣
		室内	“见素抱朴，少私寡欲”	道家的“抱朴守拙”之色将自然材料的原本色展现在室内空间中，使室内空间更温馨、舒适、宜居，给人以质朴、清新、自然温暖的家之感受
	黑白相生	建筑	“万物负阴而抱阳”	建筑中“黑白相生”，其在建筑中的运用对我国民族文化做出伟大贡献，使人不仅感受到历史的沧桑、文化的深厚底蕴，并感受到了道家“黑白相生”哲学思想在建筑领域中高屋建瓴的作用
		园林景观	“知其白，守其黑”	“黑白相生”在园林景观中给人以水墨山水、诗情画意之感，人在园林中犹如在山水水墨中畅游玩味，把人带入宁静、淡雅、深邃、明快、高雅之境界
		室内	“知其白，守其黑”	素洁、简朴，有现代感，作为无彩色系的黑白是色彩的两个极端，它们单纯而简练，节奏明确，是室内色彩中永恒的颜色

8.2 展望

当今的中国工业化与城市化迅速发展，我国建筑环境设计千篇一律、没有中国的精神与文化内涵，让人感觉不到归属感。寻找中国文化，从中国“土生土长”的道家思想中提炼富有我国本土文化特色的营造方式，针对我国的国情总结归纳中国特色建筑环境营造系统构架的研究迫在眉睫。道家思想所推崇的道法自然观、和谐共生观与整体观的思想正是我国建筑环境营造所缺失的，因此，道家思想对现代建筑环境的营造具有非常重要的指导意义。

首先，在工业化迅速发展的社会里，国外各种奇形怪异和没有“人情味”冷冰冰的建筑环境林立而起，但在我国本土的建筑环境建构中，国外的许多建筑环境理论与实践并不适合我国当地的国情现状。道家思想理论对我国现代建筑环境营造的建构不但可以构建具有中国本土文化特色的建筑环境理论，还更容易让广大的中国人接受，找出适合我国人民的生活与行为方式，从建筑环境的营造中体会到中国文化内涵的本质内容，让我国的建筑环境营造进入一个新的发展时期。固然，在道家思想的重新审视与梳理中，不可避免地要有去伪存真的过程，所以，在当代建筑环境的营造中要将道家思想去其糟粕，取其精华地运用到当代建筑环境中。道家思想对解决我国文化缺失、本土特色缺失的现代建筑环境的营造提供有意义的创作源泉，体现人、建筑环境与自然之间的和谐共生。

其次，道家思想虽然存在于我们生活的方方面面，但是道家思想是我国的传统思想，当代人对道家思想甚至中国传统本土文化研究甚少，降低了道家思想在中国乃至世界的认可度，导致当今人们对道家思想文化淡薄，并且道家传统思想不能很好地融合到现代的建筑环境营造中。道家思想在发展的不同阶段、不同方面与建筑环境都是相互联系、相互作用的。道家思想在当今建筑环境中的整体营造思想，即建筑、景观与室内的营造要相互联系，反对孤立，主张用全面的整体观营造建筑环境，反对片面性。依据道家思想的整体观，当今建筑环境在营造时，要把它们看成一个整体，把握它们之间的关联，进行有机的、有意识的整体营造。

第三，道家的核心思想道法自然，从古至今得到了充分的肯定与认可。我国大搞建设的当今社会里，建筑垃圾到处都是，空气污染严重，大拆大建浪费资源，由此道法自然的道家思想，更为适合我国当今建筑环境营造的国情。道法自然的思想在建筑环境中的营造，建筑环境的材料来源于自然，然后又回归自然，对资源是一个很好的节约与利用的途径。道法自然思想在满足当代人需求的同时，还符合道德与价值观的取向。深层挖掘道家道法自然思想，让道法自然思想成为当今建筑环境营造的依据，使当今建筑环境的营造走上具有我国本土特色的生态发展之路，这也是道家思想存在和发展的根本途径。当今，人们对大自然的破坏过于严重，大自然向人类敲响了警钟，道家“道法自然”思想的积极介入为我国建筑环境的营造开辟了一条可持续发展之路。道家“道法自然”思想在当今建筑环境中的营造，将会更适应我国建筑环境生态循环发展的建构。

总之，道家思想在建筑环境中的营造可以解决我国建筑环境的资源危机，以及文化缺失和本土化丧失的危机；道家思想为建筑环境的营造提供了丰富的思想与思维方法，为我国的建筑环境赋予本土文化的内涵；道家思想让人、建筑环境与自然和谐、可持续地发展，对我国的精神文明与物质文明建设起到了潜移默化的推动作用。

参考文献

[1] （美）威廉·麦克唐纳，（德）迈克尔·布朗嘉特 . 从摇篮到摇篮—循环经济设计制探索 [M]. 中国 21 世纪议程管理中心，中美可持续发展中心译 . 上海 : 同济大学出版社，2005:20~35.

[2] 布赖恩·爱德华兹著 . 可持续性建筑 [M]. 周玉鹏，宋晔皓译 . 北京：中国建筑工业出版社，2003:57~60.

[3] 陈伯海 . 中国文化之路 [M]. 上海 : 上海文艺出版社，1992：28~62.

[4] 程建军 . 风水与建筑 [M]. 南昌 : 江西科学技术出版社，1992：57~79.

[5] 阿里安·莫斯塔迪（Arian Mostaedi). 建筑改造和更新 [M].2003：32~38.

[6] 王治河 . 后现代哲学思潮研究 [M]. 北京大学出版社 ,2006：22~45.

[7] 惠吉兴 . 中国哲学精神 [M]. 广东人民出版社 ,2007：78~90.

[8] 程建军 . 中国古代建筑与周易哲学 [M]. 长春 : 吉林教育出版社，1991：101~122.

[9] 张国强，尚守平，徐峰 : 可持续建筑技术 [M]. 北京：中国建筑工业出版社，2009:68~76.

[10] 冯友兰 . 中国哲学史新编 [M]. 北京 : 人民出版社，1986：27~60.

[11] 何晓听编 . 风水探源 [M]. 南京 : 东南大学出版社，1990：99~110.

[12] 何新等编 . 中国古代文化史论 [M]. 北京 : 北京大学出版社，1986：66~89.

[13] 贺业拒 . 考工记营国制度研究 [M]. 北京 : 中国建筑工业出版社，1985：10~68.

[14] 贺业拒 . 中国古代城市规划史 [M]. 北京 : 中国建筑工业出版社，1996：56~79.

[15] 康威·劳埃德·摩根，让·努维尔著 . 建筑的元素 [M]. 白颖译 . 北京：中国建筑业出版社，2004：7~39.

[16] 黑格尔 . 美学 [M]. 朱光潜译 . 北京 : 商务印书馆，1984：18~56.

[17] 侯仁之，邓辉 . 北京城的起源与变迁 [M]. 北京 : 中国书店，2001：27~38.

[18] 季羡林等 . 东方文化研究 [M]. 北京 : 北京大学出版社，1994：29~35.

[19] 万书元 . 当代西方建筑美学 [M]. 南京：东南大学出版社，2001：36~62.

[20] 蒋朝君 . 道教生态伦理思想研究 [M]. 东方出版社，2006：56~92.

[21] 姜晓萍编 . 中国传统建筑艺术 [M]. 昆明 : 西南师范大学出版社，1998：11~26.

[22] 余英时 . 中国思想传统的现代诠释 [M]. 江苏人民出版社，2006：22~38.

[23] [美]N.J.Girardot，James Miller，刘笑敢编 . 道教与生态——宇宙景观的内在之道 [M]. 陈霞等译 . 凤凰出版传媒集团，2008：29.

[24] 李泽厚等著 . 中国美学史 [M]. 中国社会科学出版社，1984：65~72.

[25] 李泽厚著 . 美学三书 [M]. 安徽文艺出版社，1999：5~37.

[26] 亢亮，亢羽编 . 风水与建筑 [M]. 天津 : 百花文艺出版社，2001：36~62.

[27] 老子 [M]. 北京 : 中国书店，1988：27~52.

[28] 陶东风 . 从超迈到随俗——庄子与中国美学 [M]. 首都师范大学出版社 ,1995.

[29] 马晓宏 . 天·神·人 [M]. 北京 : 国际文化出版公司，1988：37~45.

[30] 刘韶军 . 日本现代老子研究 [M]. 福建人民出版社 2006：26~59.

[31] 庞朴 . 阴阳五行探源 [M]. 北京 : 中国社会科学出版社，1984：38~59.
[32] 深圳大学国家研究所编 . 中国文化与中国哲学 [M]. 北京 : 生活· 读书· 新知三联书店，1984：18~31.
[33] 沈克宁等编 . 人居相依 [M]. 上海 : 上海科技教育出版社，2000:29~38.
[34] 孙宗文 . 中国建筑与哲学 [M]. 南京 : 江苏科学技术出版社，2000：292.
[35] 王其亨 . 风水理论研究 [M]. 天津 : 天津大学出版社，1992：127.
[36] 胡哲敷 . 老庄哲学 [M]. 中华书局，1935：26~37.
[37] 金岳霖 . 论道 [M]. 商务印书馆，1987：18~29.
[38] 冯达文 . 回归自然：道家的主调与变奏 [M]. 广东人民出版社，1992：22~31.
[39] 吴良镛 . 中国建筑与城市文化 [M]. 北京：昆仑出版社，2009：39.
[40] 李砚祖 . 环境艺术设计的新视界 [M]. 北京：中国人民大学出版社，2002.
[41] 葛荣晋 . 道家文化与现代文明 [M]. 北京：中国人民大学出版社，1991：12.
[42] 元永浩 . 天人合一的生存境界 [M] 长春：吉林人民出版社，2006：37~42.
[43] 杨慧杰 . 天人关系论 [M]. 台北：大林出版社，1982：56.
[44] 庄岳，王蔚编 . 环境艺术简史 [M]. 北京：中国建筑工业出版社，2006：25~37.
[45] 杨文衡 . 易学与生态环境 [M]. 北京：中国书店，2003：68~70.
[46] 徐道一 . 周易科学观 [M]. 北京：地震出版社，1992：29~33.
[47] 鄢良 . 三才大观——中国象数学源流 [M]. 华艺出版社，1993:110~116.
[48] 艾兰 . 中国古代思维模式与阴阳五行说探源 [M]. 南京：江苏古籍出版社，1997：79.
[49] 于希贤 . 法天象地——中国古代人居环境与风水 [M]. 北京：中国电影出版社，2006:19~26.
[50] 程建军 . 燮理阴阳 [M]. 北京：中国电影出版社，2006：12~29.
[51] 朱立元 . 天人合一——中华文化审美之魂 [M]. 上海：上海文艺出版社，1998：9.
[52] 张光直 . 考古学专题六讲 [M]. 北京：文物出版社，1986：58~67.
[53] 王贵祥 . 东西方的建筑空间 [M]. 天津：百花文艺出版社，2008：67~78.
[54] 王世仁 . 中国古建探微 [M]. 天津：天津古籍出版社，2004：65.
[55] 吴庆洲 . 建筑哲理、意匠与文化 [M]. 北京：中国建筑工业出版办社，2007：35~51.
[56] 王鲁民 . 中国古代建筑思想史纲 [M]. 武汉：湖北教育出版社，2002：41~51.
[57] 曹春平 . 中国建筑理论钩沉 [M]. 武汉：湖北教育出版社，2002：59.
[58] 王铎 . 中国古代苑囿与文化 [M]. 武汉：湖北教育出版社，2002：21~35.
[59] 孙中山 . 孙中山选集 [M]. 北京：人民出版社，1957：78~91.
[60] 熊焰 . 低碳之路——重新定义世界和我们的生活 [M]. 北京：中国经济出版社，2010:8~15.
[61] [美].R· 卡森 . 吕瑞兰 . 寂静的春天 [M]. 李长生译 . 上海：上海译文出版社，2009:28~31.
[62] [美] 阿诺德· 柏林特 . 环境与艺术：环境美学的多维视角 [M]. 重庆：重庆出版社，2009:16~22.

[63] [日]岩佐茂.环境的思想[M].韩立新，张桂权等译.北京：中央编译出社，2007:18~36.

[64] [日]黑川纪章著.新共生思想[M].覃力，扬熹微等译.北京：中国建筑工业出版社，2009:22~31.

[65] [美]伊恩·L·麦克哈格.设计结合自然[M].芮经纬译.天津：天津大学出版社，2006:19~30.

[66] 叶至明.道教与人生[M].北京：宗教文化出版社，2002：5~27.

[67] 郭武.道教教义与现代社会国际学术研讨会论文集[M].上海：上海古籍出版社，2003:20~25.

[68] 李振纲，方国根.和合之境：中国哲学与二十一世纪[M].上海：华东师范大学出版社，2001：16~51.

[69] 乐爱国.儒家文化与中国古代科技[M].北京：中华书局，2002：78~80.

[70] 乐爱国.管子的科技思想[M].北京：科学出版社，2004：25~29.

[71] 余谋昌.惩罚中的警醒——走向生态伦理学[M].广州：广东教育出版社，1995:68~72.

[72] 佘正荣.生态智慧论[M].北京：中国社会科学出版社，1996：22~29.

[73] 佘正荣. 中国生态伦理传统的诠释与重建[M].北京：人民出版社，2002：56~69.

[74] 傅华. 生态伦理学探究[M].北京：华夏出版社，2002：102~110.

[75] 王明.太平经合校[M].北京：中华书局，1960：47~56.

[76] 王明.抱朴子内篇校释[M].北京：中华书局，1985：38~62.

[77] 任继愈.道藏提要[M].北京：中国社会科学出版社，1991：88~101.

[78] 陈国符.道藏源流考[M].北京：中华书局，1963：112~115.

[79] 卿希泰.中国道教思想史纲(第一、二卷)[M].成都：四川人民出版社，1980、1985:18~27.

[80] 卿希泰.中国道教史[M].成都：四川人民出版社，1996：39~56.

[81] 卿希泰.詹石窗：道教文化新典[M].上海：上海文艺出版社，1999：7~29.

[82] 卿希泰.道教文化新探[M].成都：四川人民出版社，1988：37~45.

[83] 牟钟鉴等.道教通论——兼论道家学说[M].济南：齐鲁书社，1991:12~39.

[84] 李养正.道教与诸子百家[M].北京：北京燕山出版社，1993：16~29.

[85] 饶宗颐.老子想尔注校证[M].上海：上海古籍出版社，1991：38~45.

[86] 葛荣晋.道家文明与现代文明[M].北京：中国人民大学出版社，1991：29~37.

[87] 毛丽娅.道教与基督教生态思想比较研究[D].四川大学，2006：89~95.

[88] 朱越利.道藏分类题解[M].北京：华夏出版社，1996：28~39.

[89] 胡孚琛，吕锡琛.道学通论——道家·道教·仙[M].北京：社会科学文献出版社，1999:7~19.

[90] 罗哲文等.中国名观[M].北京：百花文艺出版社，2002：12~39.

[91] 陈高华，徐吉军.中国风俗通史[M].上海：上海文艺出版社，2001：15~26.

[92] 詹石窗.新编中国哲学史[M].北京：中国书店，2002：48~59.

[93] 詹石窗 . 易学与道教思想关系研究 [M]. 厦门：厦门大学出版社，2001：27~36.
[94] 李刚 . 劝善成仙——道教生命伦理 [M]. 成都：四川人民出版社，1994：62~70.
[95] 王宗昱. 道教义研究 [M]. 上海：上海文化出版社，2001：19~22.
[96] 王泽应 . 自然与道德——道家伦理道德精粹 [M]. 长沙：湖南大学出版社，1999：51~62.
[97] 盖建民 . 道教医学 [M]. 北京：宗教文化出版社，2001：31~52.
[98] 袁啸波 . 民间劝善书 [M]. 上海：上海古籍出版社，1995：5~27.
[99] 陈霞 . 道教劝善书研究 [M]. 成都：巴蜀书社，1999：76~89.
[100] 高友谦 . 中国风水 [M]. 北京：中国华侨出版公司，1992：19~25.
[101] 郭武. “无为”与现代道教的发展 [C]. 载郭武主编 . 道教教义与现代社会国际学术研讨会论文集 . 上海：上海古籍出版社，2003.
[102] 陈霞. 从道教“贵人重生”与“天人合一”看可持续发展的人类中心论 [J]. 中国道教，2000，(2).
[103] 陈霞. 道教公平思想与可持续发展的社会公平 [J]. 宗教学研究，2000.(1)：21~25.
[104] 陈霞. 国外道教与深生态学研究综述 [J]. 世界宗教研究 ,2003.(3):10~13.
[105] 张广保. 唐以前道教洞天福地思想研究——从生态学视角 [C]. 载郭武主编 . 道教教义与现代社会国际学术研讨会论文集 . 上海：上海古籍出版社，2003：32~39.
[106] 乐爱国. （抱朴子内篇）生态伦理思想之探讨 [J]. 道学研究，2003，(2):33~36.
[107] 卿希泰 . 道教与中国传统文化 [M]. 福州：福建人民出版社，1990:26~31.
[108] 王明 . 道家与传统文化研究 [M]. 北京：中国社会科学出版社，1995:10~31.
[109] 赵荣，王恩涌，张小林等 . 人文地理学 [M].2 版 . 北京：高等教育出版社，2006:
[110] 廖继武 . 地理边缘与聚落过程的耦合及其机制 [J]. 中国人口·资源与环境，2009，19:27~36.
[111] 王恩涌 . 新石器时期的聚落演变与城市出现（一）[J]. 中学地理教学参考，2009,(1−2).
[112] 徐建春 . 浙江聚落：起源、发展与遗存 [J]. 浙江社会科学，2001，(1).
[113] 杨毅 . 我国古代聚落若干类型的探析 [J]. 同济大学学报：社会科学版，2006，17(1)：38~43.
[114] 王宏雁，杨剑 . 新农村规划的乡村聚落思考——以豫北某村规划为例 [J]. 甘肃科技，2009：28~34.
[115] 陈勇 . 国内外乡村聚落生态研究 [J]. 农村生态环境 ,2005:21~26.
[116] 王怡，刘加平 . 从人类聚居模式的演变看人与自然的关系 [J]. 西安建筑科技大学学报，2000：32~35.
[117] 王恩涌 . 新石器时期的聚落演变与城市出现（二）[J]. 中学地理教学参考，2009，(3)：19~23.
[118] 温炎涛 . 浅谈人类聚居环境 [J]. 建筑经济，2009，(S1)：21~28.
[119] 刘为 . 浅议乡村聚落旅游开发中的景观规划设计 [J]. 科技资讯，2008，(8)：3~7.

[120] 郑生钢 . 徽州传统乡村聚落文化的生态价值——兼及对新农村建设的启示 [J]. 黄山学院学报，2008:18~25.

[121] 俞明海 , 杨洁 , 周波 . 徽州传统聚落建设的系统理念探讨 [J]. 安徽农业科学 ,2009.

[122] 卜工 . 文明起源中国模式 [M]. 北京 : 科学出版社，2007:39~53.

[123] 金其铭 . 中国农村聚落地理 [M]. 南京 : 江苏科学技术出版社，1989:30.

[124] 李约瑟 . 中国科学技术史第二卷 ——科学思想史 [M]. 北京：科学出版社，1990:126~137.

[125] 阿尔贝特· 史怀泽 . 敬畏生命 [M]. 上海：上海社会科学院出版社 ,1992:23~30.

[126] 阿诺德· 汤因比 . 人类与大地母亲 [M]. 上海：上海人民出版社 ,1992:78~82.

[127] 霍尔姆斯· 罗尔斯顿 . 境伦理学 [M]. 北京：中国社会科学出版社 ,2000:8~20.

[128] 戴斯· 贾丁斯 . 环境伦理学 : 环境哲学导论 [M]. 北京：北京大学出版社 ,2002.

[129] 汉斯· 萨克塞 . 生态哲学 [M]. 北京：东方出版社，1991:12~29.

[130] 钱穆 . 中国文化史导论 [M]. 北京：商务印书馆，1994:120~137.

[131] 冯友兰 . 中国哲学史新编 [M]. 北京：人民出版社，1998 ～ 1999.

[132] 冯契 . 中国古代哲学的逻辑发展 [M]. 上海：上海人民出版社 ,1983 ～ 1985.

[133] 李培超. 自然与人文的和解：生态伦理学的新视野 [M]. 长沙：湖南人民出版社，2001:103~129.

[134] 李泽厚 . 中国古代思想史论 [M]. 北京：人民出版社，1986:18~39.

[135] 余谋昌 . 生态哲学 [M]. 西安：陕西人民出版社，2000:21~32.

[136] 余谋昌 . 生态伦理学——从理论走向实践 [M]. 北京：首都师范大学出版社，1999:33~47.

[137] 叶平 . 生态伦理学 [M]. 哈尔滨：东北林业大学出版社，1994:58~61.

[138] 何怀宏 . 生态伦理——精神资源与哲学基础 [M]. 保定：河北大学出版社，2002:29~36.

[139] 徐嵩龄. 环境伦理学进展：评论与阐释 [M]. 北京：社会科学文献出版社，1999:26~61.

[140] 雷毅 . 生态伦理学 [M]. 西安：陕西人民教育出版社，2000:38~49.

[141] 祝亚平. 道家文化与科学 [M]. 合肥：中国科技大学出版社，1995:61~79.

[142] 弗朗塞索·迪卡斯雷特. 生态学——一门关于人和自然的科学是怎样产生的 . 信使 (中文版)，1981 年 6 月.

[143] 霍尔姆斯· 罗尔斯顿. 科学伦理学与传统伦理学 [J]. 国外自然科学哲学问题 (1992 ～ 1993). 北京：中国社会科学出版社，1994:18~27.

[144] 陈勇等. 道教聚落生态思想初探 [J]. 社会科学研究，2001,(6):27~32.

[145] 尹志华. 道教戒律中的环境保护思想 [J]. 中国道教，1996,(2):12~18.

[146] 尹志华. 道教生态智慧管窥 [J]. 世界宗教研究 ,2000,(1).

[147] 尹志华. 道教教义中的环境保护思想初探 [C]. 道教教义与现代社会国际学术研讨会论文集 . 上海：上海古籍出版社 ,2003:65~71.

[148] HAKAMI H A.Comparisons of form and appearance of urban residential areas in

New South Wales and Iran concentrating on hot arid regions[D].Australia: University of New South Wales,1993: 31~67.
[149] KESSLER H J. YOKLIC M R. MEDLIN R L. Community concepts for living inaridregions – a solar oasis[M]. Oxford: Pergamon Press,2000:10~71.
[150] KRISHAN. ARVIND.Habitat of two deserts in India: hot-dry desert ofJaisalmer(Rajasthan) and the cold-dry high altitude mountainous desert of Leh(Ladakh) [J]. Energy and Buildings,1996,23(3):29~37.
[151] Siebert S. Haser J. Nagieb M.etc.Agricultural. architectural and archaeological evidence for the role and ecological adaptation of a scattered mountain oasis in Oman[J].Journal of Arid Environments,2005,62(1):5~11.
[152] AHMOUDA K A.Alternatives of private free space and their transformation in Libya's contemporary housing– Comparison of traditional and modern housing in the three main regions: coastal plain. uplands and oasis depressions: [M]. Stuttgart: in-house publishing,2002:121~152.
[153] BELAKEHAL A. TABET A K. BENNADJI A etc. Sunlight and daylight in thetraditional built environment: Case of the hot arid regions[A] /PERGAMON. AMSTERDAM: World renewable energy congress. 6 (Brighton GBR) [C].2000.
[154] BANSAL N K. SODHA M S. SHARMA A K etc.A solar passive building forhot aridzones in India[J]. Energy Conversion and Management,1991,32(1).
[155] CAIRO.Development of Salam Oasis: Final report – Feasibility and Masterplan Study [R]. Stuttgart: in-house publishing,1978:19~36.
[156] YAGI K.Analysis of settlement and houses of central Sahara: Comparative studies of oases habitat:Part I:[J]. Journal of Architecture. Planning and EnvironmentalEngineering,1986:17~24.
[157] TALIB K.Enclosed and open spaces in the arid regions: Saudi Arabia[J].International Journal for Housing Science and Its Applications, 2000,10(1):22~31.
[158] 马国泉,张品兴．高聚成：新时期新名词大辞典 [M]. 北京：中国广播电视出版社，1992:112~162.
[159] 古今图书集成·考工典 [M]. 北京：中华书局，1980:78~90.
[160] 顾炎武．历代宅京记 [M]. 北京：中华书局，1984:31~45.
[161] 郭熙．林泉高致 [M]. 济南：山东画报出版社，2010:31~42.
[162] 孙承泽．天府广记 [M]. 北京：北京古籍出版社，1982:27~38.
[163] 皮锡瑞．经学通论 [M]. 北京：中华书局，1954:17~31.
[164] 陆九渊．象山语录 [M]. 上海：上海古籍出版社，2000:12~25.
[165] 王祯．东鲁王氏农书译注 [M]. 上海：上海古籍出版社，1994:31~42.
[166] 王圻，王思义．三才图会 [M]. 上海：上海古籍出版社，1990:59~75.
[167] 顾祖禹．读史方舆纪要 [M]. 北京：天下出版社，2000:37~49.
[168] 沈括．梦溪笔谈 [M]. 重庆：重庆出版社，2007:28~39.

[169] 李渔．闲情偶寄 [M]. 济南：山东画报出版社，2006:17~29.
[170] 计成．园冶 [M]. 济南：山东画报出版社，2006:29~32.
[171] 管辂．管氏地理指蒙 [M]. 北京．华龄出版社，2009:41~45.
[172] 许慎．说文解字 [M]. 北京：九州出版社，2006:27~39.
[173] 刘熙．释名 [M]. 北京：中华书局，2008:28~37.
[174] 吴楚材，吴调侯．古文观止 [M]. 上海：上海古籍出版社，2000:71~89.
[175] 缪钺，周振甫等．宋词鉴赏辞典 [M]. 上海：上海辞书出版社，2002.
[176] 王国维．观堂集林 [M]. 北京：中华书局，2010:10~21.
[177] 汤一介．国学举要 [M]. 武汉：湖北教育出版社，1995:78~91.
[178] 陈来．宋明理学 [M]. 上海：华东师范大学出版社，2004:39~41.
[179] 刘波．天地人巨系统观 [M]. 合肥：安徽教育出版社，1993:51~72.
[180] 魏宏森，增国屏．系统论 [M]. 北京：中国出版集团，2009:16~19.
[181] 谭璐．系统科学导论 [M]. 北京：北京师范大学出版社，2009:79~92.
[182] 衣俊卿．文化哲学十五讲 [M]. 北京：北京大学出版社，2009:11~32.
[183] 冯友兰．中国哲学简史 [M]. 北京：世界图书出版公司，2002:29~32.
[184] 冯友兰．中国哲学史新编 [M]. 北京：人民出版社，1982:33~41.
[185] 任继愈．中国哲学史 [M]. 北京：人民出版社，1980:91~112.
[186] 季羡林．谈国学 [M]. 北京：华艺出版社，2008:128~161.
[187] 张岱年．文化与哲学 [M]. 北京：中国人民大学出版社，2009:107~128.
[188] 张岱年，程宜山．中国文化争论 [M]. 北京：中国人民大学出版社，2009.
[189] 李泽厚．中国古代思想史论 [M]. 北京：三联书店，2008:19~32.
[190] 余国瑞．中国文化历程 [M]. 南京：东南大学出版社，2004,5:38~61.
[191] 鲁枢元．自然与人文 [M]. 上海：学林出版社，2006:31~42.
[192] 佘正荣．老庄生态思想及其对当代启示 [J]. 青海社会科学，1994,(2):14~17.
[193] 孔令宏．建设性的后现代主义与庄子思想 [J]. 求是学刊 ,1998,(3):27~31.
[194] 程潮．庄子的生态环境新探索 [D]. 嘉应大学学报 [J].1999,(1):17~22.
[195] 时晓丽．庄子审美生存思想研究 [D]. 西北大学博士论文，2003.
[196] 郑旭文．庄子哲学的现代生态伦理学意蕴 [D]. 杭州师范大学硕士论文，2007.
[197] 张清．论道家哲学的环境伦理意蕴 [D]. 华中师范大学硕士论文，2002.
[198] 王素芬．生态语境下的庄学研究 [D]. 河北大学博士学位论文，2010.
[199] 傅崇兰．天人合一——从哲学到建筑 [D]. 中国社会科学院博士论文，2003.